一問一答
新しい都市農地制度と税務

生産緑地の2022年問題への処方箋

一般財団法人 **都市農地活用支援センター**［監修］

(一財)都市農地活用支援センター常務理事
佐藤 啓二

税理士
今仲 清［共著］

ぎょうせい

はじめに

　国の政策が転換され、都市農地は「宅地化すべきもの」から「あるべきもの」となり、生産緑地の2022年問題を前に、この一両年、制度改正や新しい制度の創設が矢継ぎ早に進められました。
　その結果、今年度から生産緑地制度は大きく生まれ変わり、6次産業化を大胆に取り入れた都市農業の姿や都市住民、企業等による農地利用の可能性が広がるなど、農業、農地について、これまでと異なった新しい将来像が示されました。
　何よりも、多くの生産緑地所有者は、3年の間に、特定生産緑地選択という重い判断を迫られることから、新たに可能となった貸借制度を含め、法制度、税制について正確に理解することが必須となります。
　また、市民、企業に求められる役割が、宅地利用の主体から農地利用の主体に変わる中、これまで農業関係者以外では必要性が乏しかった、農地、農業、農地制度等についての基本的な理解が、一般の市民、企業等にも必要な時代となったのです。
　一般財団法人都市農地活用支援センターは、これまで、その都度の税制改正に合わせ、「都市農地税制必携」を発行、監修してきましたが、このたびの都市農地制度の大転換を受け、新たに、今仲清税理士及び佐藤（都市農地活用支援センター）の執筆により次の3部構成の「一問一答　新しい都市農地制度と税務」を監修し、株式会社ぎょうせいから発行することとしました。
　【第1部　都市農地の入門編】
　【第2部　都市農地の法制度】
　【第3部　都市農地の税務編】

　この新書籍は、2022年問題を前に、法改正、新法により大きく生まれ変わった都市農地の制度と税制について一問一答で分かりやすく解説

していますが、特に以下の点が特色となっています。
- 実務家から農家まで、幅広い読者を対象としたQ&A形式。
- 都市農業、都市農地を一から知ることのできる教科書としての都市農地入門編。
- 改正された生産緑地制度の法手続きや税制情報を詳説し、特定生産緑地の選択判断に役立つ。
- 新しい「都市農地の貸借円滑化法」の活用に役立つ法手続き、税制情報を詳説。

　本書を、広く皆様にご利用いただき、都市農地を活用しようとする読者の皆様のお役に立つことができることを祈ります。
　また、本書発行の機会を与えてくださいました株式会社ぎょうせいの編集部をはじめ、出版に関係する皆様に対しまして心から感謝申し上げます。

　平成30年10月

一般財団法人都市農地活用支援センター
常務理事　佐藤　啓二

はじめに

序章　新たな局面を迎えた都市農地活用 　1

　1　都市農地の2022年問題 ……………………………… 1
　2　都市農業振興基本法 …………………………………… 2
　3　実現した新たな法制度と税制 ………………………… 3
　4　新たな局面を迎えた都市農地活用 …………………… 4

● 第1部　都市農地の入門編 ●

Ⅰ　農地とは ……………………………………………………10
　1　登記地目 ………………………………………………10
　2　課税地目（固定資産税）………………………………11
　3　相続税と地目 …………………………………………12
　4　農地法上の農地 ………………………………………13
　5　農地法と登記制度の連携 ……………………………15
　6　宅地の農地化 …………………………………………16
　7　農地創出の可能性 ……………………………………17

Ⅱ　農業の中の都市農地 ……………………………………19
　8　都市農業 ………………………………………………19
　9　都市農家の実情 ………………………………………22
　10　日本農業の歴史 ………………………………………27

Ⅲ　農地制度と都市農地 ……………………………………31
　11　農地法による規制 ……………………………………31

12　生産緑地法と農地法の違い ………………………… 34
　13　関係税制 …………………………………………… 36
　14　農地法と耕作者主義 ……………………………… 38
　15　農地法の内容 ……………………………………… 40
　16　賃貸借の法定更新制度 …………………………… 43
　17　農地政策の変遷 …………………………………… 45

Ⅳ　平成３年の制度改正 ………………………………… 48
　18　都市農地制度の歴史 ……………………………… 48
　19　生産緑地の指定状況 ……………………………… 53
　20　残っている農地の特性 …………………………… 58

Ⅴ　市民農園について …………………………………… 62
　21　市民農園と農地法 ………………………………… 62
　22　生産緑地での市民農園開設の制約 ……………… 68

Ⅵ　基本法と新制度 ……………………………………… 71
　23　都市農業振興基本法 ……………………………… 71
　24　都市農業振興基本計画 …………………………… 75
　25　農地・農業の多面的機能 ………………………… 78
　26　都市農業の多様な機能 …………………………… 81
　27　農作物を供給する機能 …………………………… 84
　28　実現した制度改正のポイント …………………… 86
　29　一般市町村と生産緑地 …………………………… 90
　30　地方公共団体の課題 ……………………………… 93
　31　先進的な取組例 …………………………………… 98

〈資料〉都市と農の共生 ………………………………… 100
　①一般財団法人都市農地活用支援センターホームページ／101
　②都市と農の共生（事例）／102
　③情報誌「都市農地とまちづくり」／103

第2部　都市農地の法制度

Ⅰ　生産緑地制度 ……………………………………… 106
1. 生産緑地とは …………………………………… 106
2. 三大都市圏の特定市の範囲 …………………… 109
3. 生産緑地地区制度の概要 ……………………… 112
4. 生産緑地地区指定の要件と手続 ……………… 115
5. 生産緑地指定の条件の詳細 …………………… 118
6. 生産緑地の市町村及び所有者等の管理義務 … 120
7. 生産緑地の行為制限と原状回復 ……………… 122
8. 主たる従事者と買取り申出 …………………… 124
9. 生産緑地の買取り申出の取扱いの実態 ……… 126
10. 主たる従事者と生産緑地の相続税評価 ……… 129

Ⅱ　農　地　法 ………………………………………… 131
11. 都市計画法と農地の区分 ……………………… 131

Ⅲ　農地の貸付に関する法制度 ……………………… 134
12. 農地利用の集積による効率化のための農地貸付事業 … 134
13. 農地利用集積円滑化事業による貸付 ………… 136

Ⅳ　生産緑地2022年問題とその対応策 …………… 139
14. 生産緑地2022年問題とは …………………… 139
15. 2022年問題への対応に必要な知識 ………… 142
16. 都市緑地法等と生産緑地制度の改正 ………… 144
17. 特定生産緑地制度の創設 ……………………… 148
18. 田園住居地域の創設 …………………………… 151
19. 原則として貸付農地は相続税の納税猶予対象外 … 153
20. 市街化区域の農地は貸すことは困難だった … 155
21. 市街化区域の農地に貸付制度が創設 ………… 157

22 生産緑地を貸し付けた場合の相続税の納税猶予適用 ‥‥‥ 161
23 都市農地の貸付特例の場合の猶予税額の免除の取扱い ‥‥ 164

● 第3部　都市農地の税務編 ●

第1章　農地に係る固定資産税　　　　　　　　　166

1 農地の固定資産税の課税区分と評価 ‥‥‥‥‥‥‥‥‥ 166
2 市街化区域農地の評価の実際 ‥‥‥‥‥‥‥‥‥‥‥‥ 169
3 農地に係る固定資産税 ‥‥‥‥‥‥‥‥‥‥‥‥‥‥‥ 171
4 特定市街化区域農地の評価と課税 ‥‥‥‥‥‥‥‥‥‥ 174
5 生産緑地に係る固定資産税は純農地扱い ‥‥‥‥‥‥‥ 177
6 事例で農地に係る固定資産税を試算 ‥‥‥‥‥‥‥‥‥ 179

第2章　農地等の譲渡に関する税金　　　　　　　　182

1 土地を譲渡した場合の税金 ‥‥‥‥‥‥‥‥‥‥‥‥‥ 182
2 優良住宅地等の譲渡の特例 ‥‥‥‥‥‥‥‥‥‥‥‥‥ 185
3 区画整理事業の施行区域内の土地等の譲渡 ‥‥‥‥‥‥ 187

第3章　農地の相続税評価　　　　　　　　　　　　189

1 農地の相続税評価の基本 ‥‥‥‥‥‥‥‥‥‥‥‥‥‥ 189
2 市街化区域農地の評価例 ‥‥‥‥‥‥‥‥‥‥‥‥‥‥ 192
3 地積規模の大きな宅地の評価 ‥‥‥‥‥‥‥‥‥‥‥‥ 194
4 貸し付けられている農地の評価上の留意点 ‥‥‥‥‥‥ 197

第4章　農地等に係る納税猶予制度　199

1. 農地等の贈与税の納税猶予制度の概要 ················ 199
2. 贈与税の納税猶予が打ち切られる場合など ············ 202
3. 農地等の贈与税の納税猶予の留意点 ·················· 205
4. 農地等の贈与税の納税猶予と相続税の納税猶予の関係 ··· 207
5. 農地等に係る相続税の納税猶予制度の概要 ············ 209
6. 農地等の相続税の納税猶予は早期に分割できないと適用できないことも ································· 212
7. 相続税の納税猶予の適用を受けるための手続 ·········· 215
8. 相続税の納税猶予税額の計算 ························ 219
9. 相続税・贈与税の納税猶予税額が免除される場合 ······ 224
10. 相続税の納税猶予税額の全部を納付しなければならない場合 ······························· 227
11. 利子税の割合 ····································· 230
12. 相続税の納税猶予税額の一部について納付しなければならない場合 ································· 232
13. 都市計画区域と相続税の納税猶予期限 ··············· 235
14. 相続税の納税猶予制度における継続届出書の提出義務 ··· 237
15. 相続税の納税猶予適用を受けるための担保提供 ········ 240
16. 納税猶予打切りに伴う必要資金の大変さ ············· 242
17. 納税猶予適用農地等が区画整理事業施行地に該当した場合 ·· 245
18. 都市計画区域変更による特定市街化区域農地等への編入 ·· 248
19. 平成3年1月1日現在の特定市における生産緑地と納税猶予 ··································· 251
20. 平成3年1月1日現在特定市に該当しない地域における相続税の納税猶予 ····························· 254
21. 納税猶予適用を取りやめる場合 ····················· 257
22. 配偶者がすべての財産を相続して猶予を受けると税額ゼロに ·· 260

23　生産緑地で納税猶予を受けない場合の対応…売却か物納か‥ 263
　24　相続税の納税猶予を受ける際の留意点 ················ 266

第5章　特定貸付農地等、営農困難時貸付け、市民農園などの取扱い　269

　1　特定貸付農地等の相続税の納税猶予 ················ 269
　2　相続税の納税猶予適用中の特定貸付 ················ 272
　3　特定貸付農地等について納税猶予の期限が確定する場合 ·· 275
　4　特定貸付の旧法納税猶予適用者の取扱いと納税猶予税額の免除の適用関係 ································ 278
　5　営農困難時貸付の特例 ···························· 283
　6　営農困難時貸付に貸付期限の到来や耕作放棄があった場合 ·· 288
　7　相続税の納税猶予の都市農地の貸付の特例の創設 ······ 291
　8　貸し付けられている農地・市民農園等の評価 ·········· 294
　9　災害、疾病等のためのやむを得ない場合の取扱い ······ 297

第6章　農地の買換え・交換・換地による相続税の納税猶予継続　299

　1　特例農地等の譲渡等があった場合の代替農地等の買換特例 ·· 299
　2　代替農地等の買換特例の譲渡等や先行取得の可否 ······ 302
　3　納税猶予適用農地等の交換・換地処分、1年以内の取得の判定基準 ·· 305

序章
新たな局面を迎えた都市農地活用

1 都市農地の2022年問題

　平成3年に現在の都市農地制度ができ、全国の市街化区域内の農地面積は14.3万ha（平成5年の数値）から、7.2万ha（平成28年の数値）へと半減し、特に制度のターゲットとなっていた大都市圏特定市の市街化区域では、宅地化農地と呼ばれる生産緑地以外の農地面積は3.3万haから1.2万haへと減少が加速されました（特定市とは東京都の特別区及び三大都市圏の既成市街地、近郊整備地帯などに所在する市を言いますが、制度が意図したように、生産緑地は概ね保全がなされてきています。）。

　現在、社会的に注目されつつある都市農地の2022年問題とは、2022年（平成34年）になるとこれまで保全されている生産緑地について、法律により義務付けられている農地保全義務の期限（指定後30年）が切れることから、農地の転用が進み、大量の宅地が不動産市場に供出されるのではないかという問題です。

　この問題に関わる職業上の立場の違いにより、多くの国民が不安や危惧、期待？を抱いているのです。

　しかし、以下に述べるように、平成27年4月の都市農業振興基本法の制定以降、国がリードした都市農地保全と都市農業振興に向けたダイナミックな政策と制度の転換が一気に進み、生産緑地の農地保全義務期限を延長する特定生産緑地制度も誕生しました。

　国土交通省が平成30年1月に、東京の都市農家を対象に実施した調査によれば、2022年には、生産緑地を所有する農家の8割以上が、新制度の下で特定生産緑地に移行するという結果が得られています。

　2022年問題を好機と捉えたデベロッパーの攻勢により2022年以前

の宅地化農地の転用が加速することは見込まれるでしょうが、将来の生産緑地の減少の防止に向けて準備された施策は着実に効果を上げつつあるように見えます。

むしろ、市民や企業の都市農地についての関心は、新制度がもたらした、都市農地活用の新たな局面、即ち、市民や企業による農地としての多様な利用という新しいテーマに移りつつあります。

2　都市農業振興基本法

平成27年4月に、国会の全会派の賛同により都市農業振興基本法が制定されたのは、2022年問題への対応を含め、都市のあり方としても、また、多くの都市住民のライフスタイルからも、都市農地の保全と都市農業の振興へ、国の政策を大きく転換することが社会の総意として求められていたからです。

関係する政策の主務官庁である農林水産省と国土交通省の連携のもと、国の取組はスピーディに進められ、基本法制定の翌年、平成28年5月に都市農業振興基本計画が閣議決定される中で具体的な制度改正の方向が明らかになってきました。

図表序–1　都市農業振興に関する新たな施策の方向性

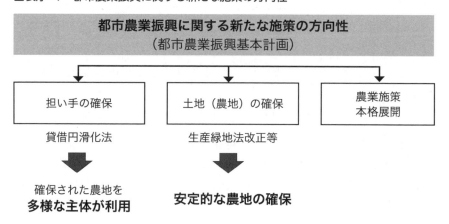

基本計画では、全国で進められている攻めの農政の一環として、都市農業を産業として維持・育成することを第一義としつつ、その有する多様な機能の十分な発揮を図るためには、都市農業振興に関する新たな施策を講ずることが必要であるとし、基本的方向として、担い手の確保、土地の確保、（これまで等閑視されてきた）農業施策の本格展開の3つが掲げられました。

　そして、担い手の確保のために、都市農地の貸借を円滑にする新たな都市農業振興制度を創設すること、都市農業のフィールドとしての農地を安定的に確保できる土地利用計画の充実を図ることが示されました。

3　実現した新たな法制度と税制

　先陣を切ったのは国土交通省の法律改正で、平成29年4月に都市緑地法等の一部を改正する法律として成立させ、生産緑地法の規模要件の緩和、行為制限の緩和、都市緑地法については6月施行、税制に関係する特定生産緑地、田園住居地域については平成30年4月に施行されました。

図表序-2　生産緑地法改正等

```
生産緑地法
●規模要件の緩和
●行為制限の緩和
●特定生産緑地制度（生産緑地と同様の税制措置）
　運用指針
　　★「道連れ解除」への対応
　　★追加指定・再指定の推進
都市計画法等
●田園住居地域の創設（新たな税制措置）
都市緑地法
●緑地の定義の中に農地を含める等
```

また、基本計画では、地方都市の市街化区域内農地や大都市圏の宅地化農地も対象とされる農地保全のための新たな土地利用計画制度の創設が視野に入っていましたが、生産緑地制度が充実したことから、これと別の制度の創設は見送られることとなりました。
　農林水産省の都市農地の貸借の円滑化に関する法律も対象農地を生産緑地に絞った制度となり、平成30年6月に制定、9月から施行され、市民農園用地貸付への納税猶予適用を含めた関係税制もこの法律の施行の日から施行されました。

図表序-3　都市農地の貸借円滑化法

```
都市農地の貸借の円滑化に関する法律（創設）
●都市農地を生産緑地地区内の農地と定義
【自ら耕作する場合の貸借の円滑化】
●市町村長による事業計画認定制度
　一定要件を満たせば、農地法許可手続・法定更新を適用除外
　（税制上の政策貸付として相続税納税猶予適用）
【市民農園を開設する場合の貸借の円滑化】
●特定都市農地貸付け
　企業等が農家から直接農地を借りて市民農園を開設
　（税制上の政策貸付として従来の特定農地貸付を含め、相続税納税猶予適用）
生産緑地法（施行規則）
●政策貸付に係る「主たる従事者」要件の緩和
```

4　新たな局面を迎えた都市農地活用

　これまで、農地を所有し、耕作するのは農家や農業法人であって、それ以外の一般の市民や企業にとっては、都市農地活用とは、すなわち、宅地としての農地活用であり、都市農地についての主な関心事は、いかにして農家から土地を手に入れて住宅などを建てるかということでした。
　市町村等の開設した市民農園を利用したり、援農や体験農園を通じて農業者と交流する者もいますが、全体からすると僅かな数にとどまっています。
　しかし、基本計画は、都市農業を維持・育成し、都市農地を保全する

ために、農家や農業法人だけでなく、一般の市民や企業を取込んだ新しい都市農業振興、農地利用を呼びかけ、今般、法律や税制が制定・改定され、その実現のための具体的な道筋が示されたのです。

これにより都市農地活用は新たなエポックを迎え、そのメインテーマは、農地としての都市農地活用に移行したのです。

基本計画では農地利用と農業の担い手として次のような具体例を指し示しています。

・地元での食と農の連携の取組を通じ、農業参入に挑戦しようとする食品関連事業者
・農作業体験をビジネス化することで農業参入しようとしている福祉、教育、IT関係のベンチャー企業
・都市住民の営農ボランティアや地域コミュニティの維持・再生に取組む団体

また、市民農園に関する制度も大きく変わりましたので、今後は生産緑地を活用した市民農園や体験農園が多様な形で展開されることが期待されます。

合計面積約4万haと言われるドイツのクラインガルテンとまではいかなくても、我が国の市民農園の合計が約1,400haというのは先進国

図表序-4 日本の国土と農地利用

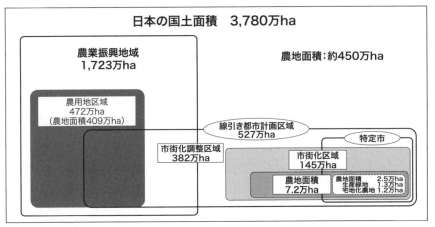

として貧弱過ぎるのではないでしょうか。

　宅地利用が中心の時代、都市農地に関して、市民や企業に必要な情報は、生産緑地の規制の解除の方法や関連する相続税の納税猶予の仕組などの断片的な知識であり、農地利用の基本法である農地法について聞いた事はあるが自分との関係で実感を持っている人はほとんどいないと思われます。

　ニュースで、米の消費が低迷し、稲作農家が困っているということは知っているが、農業をどう立て直すか、余った農地をどう利用するかといった農政上のテーマを自分と結びつけて考えようとする人もほとんどいないのではないでしょうか。

　また、都市農家が広い農地を持ち、大きな家に住んでいることを羨ましく思うことはあっても、都市で農業を経営する苦労等、都市農家の実情を理解している人は少数です。

　今般の制度改正により、我が国において、歴史上初めて、一般の市民や企業が農業とそのフィールドとしての農地の利用を自らに関係した問題として考えることができる時代が幕を開けたと言えます。

　市民や企業がその与えられた立ち位置を生かすためには、これまで考えたことのなかった次のようなテーマについての基本的な知識と理解が求められるようになります。

　例えば、そもそも農地とは何なのか、日本全体の農業の中での都市農業の位置、農業の歴史とその中ででき上がった農地法等の制度、農地制度と生産緑地制度との関係等々。

序章　新たな局面を迎えた都市農地活用

図表序-5　人口・耕地面積の変遷

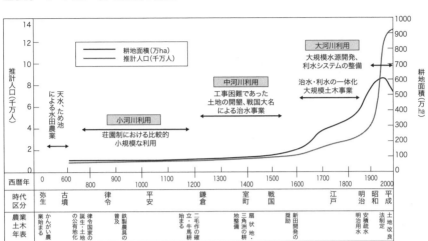

出典：農林水産省「我が国の農地と水」

　本書は、このような問題意識から、第1部都市農地の入門編を設け、これを含めて全体を次の3部で構成し、読者の様々な読み方に応えるため、それぞれQ&A形式で記述することにしました。

> **第1部　都市農地の入門編**
> 　農地とは何か、都市農地に関係する様々な法制度の関係、農地利用の基本法となる農地法とその歴史的背景、都市農業振興基本法と新たな都市農地・農業制度への流れ等を分かりやすく紹介する。
> 　なお、資料として一般財団法人都市農地活用支援センターが収集・整理している「都市と農の共生」に向けた地域での取組事例について、その情報を入手する方法を紹介している。
>
> **第2部　都市農地の法制度**
> 　生産緑地法を中心に、このたびの大改正で、従来の制度がどのように変わったのかを詳述すると共に、新たに創設された都市農地の貸借の円滑化に関する法律について、政省令や通知文書の内

容も含め紹介する。また、農地法等の農地制度に関係する基本的な法律のポイントを示す。

第3部　都市農地の税務編

　農地に係る固定資産税、農地等の譲渡に関する税金、農地の相続税評価、農地等に係る納税猶予制度について詳述すると共に、特定貸付農地等、営農困難時貸付け、市民農園などの扱い等都市農地に関係する税務のポイントを示す。

第1部

都市農地の入門編

Ⅰ 農地とは

1 登記地目

問 登記地目とは何ですか。その限界をどう考えたらよいですか。

答 登記地目とは、不動産登記法に基づき、土地の表示に関する登記事項として定められているもので、23種類あり、農地の場合、田と畑に分かれており、現況及び利用目的を踏まえて定めることとされています。

　不動産登記は私たちの大切な財産である土地や建物の所在・面積のほか、所有者の住所・氏名などを公の帳簿（登記簿）に記載し、これを一般公開することにより、権利関係などの状況が誰にでもわかるようにし、取引の安全と円滑をはかる役割をはたしています。

　ですからその土地がどのような土地であるかを調べようとする時、まずこの不動産登記簿を見るということになります。

　現在の不動産登記簿は、明治政府が地租（国税）徴収を目的に国家主導で整備した土地台帳（所在、地番、地目、地積等）をその標題部として引き継いでいます。

　しかし、その定義は簡潔であり（不動産登記事務取扱手続準則「田とは農耕地で用水を利用して耕作する土地」云々）、当事者の申請を原則としているため、変更登記がなされないまま推移するなど、現時点で登記簿上の地目と現況とが一致していないことが少なくありません。

2　課税地目（固定資産税）

> **問**　固定資産税の課税地目はどのように決められるのですか。

答　固定資産税の課税地目とは、市町村の固定資産台帳（土地課税台帳）に登録されている土地の種別で、9種類あり、農地の場合、田と畑に分かれています。

土地課税台帳は、土地に対する固定資産税を課税する際の基礎資料で、不動産登記簿に登記されている土地の標題部をもとに市町村が作成することとなっていますが、登記簿上の地目をそのまま踏襲するのではなく、市町村長（税務当局）が、毎年1月1日現在の現況を調べ、認定することとされています（新しい登記情報は、登記地目の変更を含めその都度、登記所から市町村長に通知されることとなっています。）。

この場合の認定は、国の示した固定資産評価基準を基に、各市町村が土地評価取扱要領等を定めて行っており、農地法の農地の定義をベースにしてはいますが、元々が収益に応じた課税であり、休耕地の扱いなど農地法そのままというわけにはいかない面があります。

また、家庭菜園の扱いについても市町村により幅があります。

田、畑の土地評価額は宅地に比べると相当低い値となるため、その地目認定にあたっては厳格な公平性と正確性が求められることは言うまでもありません。

課税地目と異なる利用状況に変更したときは地目変更届（報告書）を提出することとなります。

一般宅地など農地以外の土地を農地とする場合は、市町村により取扱が異なりますが、登記地目の農地への変更、農業委員会が発行する耕作証明（現況農地証明）の添付等が求められることが多いようです。

3 相続税と地目

> **問** 相続税で地目が問題となるのはどのような時ですか。

答 農地と宅地の区分が問題になるのは農家の耕作する農地に認められている相続税等の納税猶予の適用に当たって農業施設用地や駐車場等を農地とみるかどうかという問題です。

　国税である相続税・贈与税の場合の地目は、課税が発生した時期の現況によることとされており、その認定の考え方は、農地法上の農地の定義を基本としています。しかし2アール未満の農地を農業施設にする場合には農地転用許可が不要となっていることなどからこうした問題が起きるのですが、この点について農林水産省の具体的な判断基準が示されています（平成14年4月1日付13経営第6953号「施設園芸用地等の取扱について」）。

　これによれば、いつでも農地を耕作できる状態に保ったままで、棚やシートを設置・敷設し、農作物を栽培している土地は農地として取り扱われますが、コンクリート等で地固めし、農地に形質変更を加えたものは農地に該当しないとされています。

　また農作物の栽培に必要な通路、進入路、機械・設備等を設置している用地部分は農地と見なされますが、事務所、倉庫、直売所、それらに附帯する駐車場等、農地から独立して多用途への利用又は取引の対象となりうるものは農地に該当しないとされています。

　このことに関連し、今回の農地法の改正で、農地に植物工場を建設することについて、植物工場での栽培を耕作と見なし、農地転用に当たらないこととする措置が講じられました。

　なお、相続税自体では、元々市街化区域内農地等については、「市街地農地」（周辺部については「市街地周辺農地」）として、宅地としての課税評価（農地を宅地にするための造成費等は差し引かれますが）がされますから、固定資産税の場合のような地目間の落差は余り問題にはなりません。

4　農地法上の農地

問　農地法上の農地の定義を教えてください。また、個別の農地が農地に当たるかどうかは誰が判断するのですか。

答　農地法及び関係通達によれば、この規制の対象となる農地とは、耕作の目的に供される土地をいいますが、この場合「耕作」とは土地に労費を加え肥培管理を行って作物を栽培することをいい、「耕作の目的に供される土地」には、現に耕作されている土地のほか、現在は耕作されていなくても耕作しようとすればいつでも耕作できるような、すなわち、客観的に見てその現状が耕作の目的に供されるものと認められる土地（休耕地、不耕作地等）も含まれます（平成28年8月16日付28経営第1242号「農地法関係事務に係る処理基準について」）。

　農地であるか否かは「耕作」の目的に供されている事実が最も重要となりますが、この点について、農地法では、判断に当たっての基本的な考え方は農林水産省が示しますが、農地の転用許可や権利移動の許可等、個別農地における判断については農家の代表を中心とした合議制行政委員会である農業委員会に委ねています。

　農業委員会により農地であると判断されれば、農地法の規制対象の土地となり、権利移動や転用の際には農業委員会等の許可が必要とされ、違反すれば罰則が課されるのです。

　農業委員会が事務を行う上での基礎となるのが農地台帳です。従来、農家台帳等と称され、10a以上（北海道30a以上）の農地を利用して耕作している農家を対象に作成されていましたが、平成21年の農地法改正で「農地台帳」として正式に法律に位置づけられ、全ての農地を対象とすることとなりました（現実にはこれまでの対象要件に該当しない小規模な農地がどの程度掌握されているかは農業委員会により開きがあるようです。）。

　農地台帳は、毎年、台帳記載者に内容確認を行うとともに、固定資産

課税台帳及び住民基本台帳と照合しその正確性を確保することとされていますから（農地法施行規則第102条）、地方税法の守秘義務との関係はありますが、農地の地番、所有者の氏名、住所等の照合はなされていると思われます。

5　農地法と登記制度の連携

> **問**　農地法と不動産登記制度はどのように連携が図られているのですか。

答　登記地目が農地である土地の所有権移転登記の際には、登記原因情報として農地法の権利移動の許可又は農地転用許可（届出）の記載が必要です。

例えば市街化区域内以外の農地を宅地利用目的で売買する場合には、許可を受ける前の売買契約は、農地法の許可（第5条）が完了したら売買するという停止条件付き売買契約や売買予約契約で、登記も農地法上の許可を停止条件とする所有権移転請求権保全の仮登記となります。

農地法上の手続きが完了した後に本契約をし、所有権移転登記をすることになります。

また、地目変更登記には、農業委員会が発行する農地転用許可書及び工事完了証明書（農地転用事実確認証明書）又は非農地証明書の添付が必要となっており、違法な農地転用を防止するため、これらの書類添付がない場合には農業委員会に照会するなど緊密な連携を図ることが農林水産省と法務省の間で取り決められています。

6 宅地の農地化

問 宅地を農地にするには、許認可が必要ですか。

答 農地を宅地にすることは、農地法により規制されていますが、宅地を農作業の用に供することを規制する法律はありませんので、法律に基づく許認可は必要ありません（ただし農作業のための建築物を建築することについては、用途地域による建築規制があります。）。

戦後には、国等が農地開拓の事業を行いましたが、現在はそのような公的な農地創出の仕組がありませんので、理念としては宅地の農地化ということは考えられますが、農業の生産性の低さと、農業用の基盤整備等の費用を考えると現状ではその現実性は低いと言わざるを得ません。

それでも、何らかの必要性があって、農作業を行っている土地を「農地」にしたいということになると、これまで述べたように登記地目、課税地目、農地法それぞれの扱いや手続きに従うことになります。

よく相談があるのが、農地にして固定資産税を減額させたいというケースです。

市街化区域外では、農地として評価・課税されますので税額は大幅に下がります。

また、市街化区域内の宅地でも課税地目が農地となれば、固定資産税の課税標準額は特例率が乗ぜられ1／3となります。

この場合、市町村の税務当局と十分な調整をしないまま、先に登記地目を農地に変更し、結果として課税地目の変更も認められず、それだけでなく、今度は宅地への地目変更や所有権の移転の登記を申請しようとした時、農地法の許可等が求められることとなることには十分注意する必要があります。

7　農地創出の可能性

問　今後、農地創出の可能性は拡がるのでしょうか。

答　東京都は平成30年の予算で、新たに「農地の創出・再生支援事業」をスタートさせ、建築物を解体するなどして宅地を農地化する事業に対する補助を行っています。

　平成27年12月、東京都の国分寺市では、同市の生産緑地指定基準を改正し、一度生産緑地指定が解除され、農地転用の届出がなされた土地や、宅地について、一定の要件を満たせば生産緑地指定を行う方針を明らかにしました。

　国分寺市の場合、求められる要件は、登記地目の変更、農業委員会の現況農地認定、同一人による5年以上の営農継続実績、60歳未満の農業従事者(60歳以上の者の場合は、60歳未満の後継者がいることを確認)となっています。

　生産緑地になるということは、固定資産税も農地並み、相続税の納税猶予も受けられるという正真正銘の農地になるということにほかなりません。

　これまで国土交通省は、「都市計画運用指針」の中で、現況農地等であっても農地転用の届出が出されているものについては、生産緑地の指定を行うことは望ましくないとし、ひとたび宅地と同様な状態になった土地はその対象にすべきではなく、その延長上で、もともとの宅地は当然生産緑地指定の対象にはならないという考え方だったのです。

　しかし、今般の生産緑地法の改正に合わせて運用指針を改正し、一度農地転用の届出がなされた土地であっても、その後の状況の変化により、現に、再び農林漁業の用に供されている土地で、将来的にも営農が継続されることが確認される場合等は生産緑地に定めることも可能であることを明確にしたのです。

　このことは、宅地についても、ここで述べられているような条件を備

えた土地は生産緑地に指定することが可能であると読み取ることができます。

　人口が減少により都市が縮退し、コンパクトなまちづくりが求められる時代、都市の中で宅地の農地化を進めるという理念が現実のものになりつつあります。

Ⅱ 農業の中の都市農地

8 都市農業

問 日本の農業の中で都市農業が占めている割合を教えてください。

答 1 都市農業のシェア

都市農業は様々な定義が可能ですが、「都市農家」を市街化区域で営農している農家(併せて市街化区域以外でも営農している農家を含む)と定義すると、22.8万戸で、全国の農家数215.5万戸の約11%に当たります(本書で引用する農林水産省資料の数値は、この定義によっています。)。

都市農家の農産物販売金額は4,466億円で全国の農産物販売金額5兆8,366億円の約8%を占め、農地面積割合に比べシェアがかなり大きくなります。都市農地を市街化区域内の農地とすると、その面積は7.2万haで、全国の農地面積447.1万haの約2%です。

なお、一般の農林統計で用いられる「都市的地域」は、可住地に占めるDID(人口集中地区)の面積が5%以上で、人口密度500人／km²以上の旧市町村をいうことになっていますので、その範囲の指標を取ると、農家戸数、販売金額、農地面積が全国に占める割合はそれぞれ25%、18%、27%とさらに大きなものとなります。

図表1-1　都市農業に関連する指標（試算）

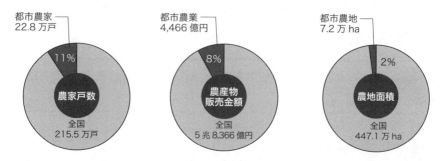

	農家戸数	販売金額（推計）	農地面積
全　　国	215.5万戸	5兆8,366億円	447.1万ha
都市農業（対全国比）	22.8万戸（11%）	4,466億円（8%）	7.2万ha（2%） うち生産緑地 1.3万ha（0.3%）

※都市農業の「農家戸数」は市街化区域で営農している農家数であり、併せて市街化区域以外でも営農している農家を含む。「農地面積」は市街化区域内農地面積。
出典：農林水産省「都市農業を巡る情勢について」H30.5

2　全体の農地の中で都市農地が占める割合

　前述したように平成28年の市街化区域内の農地面積は7.2万haで、市街化区域145万haの約5％、三大都市圏の特定市の農地はその35％に当たる約2.5万ha、その内、生産緑地が1.3万ha、それ以外の農地（宅地化農地）が1.2万haとなります。

　日本の国土全体で見ると、我が国の国土面積は3,780万ha、農業のフィールドとして最も重要性が高い農業振興地域内の農用地区域は約472万ha、その中の農用地の面積は409万haで、可住地1,146万haの約36％を占めています。（現在の食料・農業・農村基本計画では、食料の安定供給確保の観点から平成37年度に440万haの農地の確保を目標にしています。）

　我が国の農地全体には、このほか農用地区域にも、また、市街化区域にも含まれない、市街化調整区域内の農地や線引きをしていない都市計画区域内の農地が加わり、全体では約450万haとなります。都市農地

についての制度は、ここに示したような全体の農地とのバランスを考えながら構築せざるを得ないのです。

図表1-2　日本の国土と農地利用

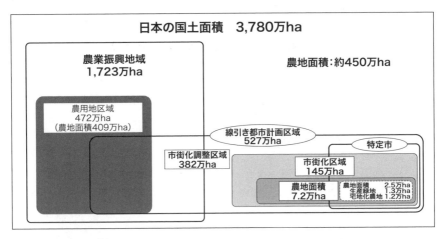

図表1-3　市街化区域内農地の区分別面積（平成28年）

	三大都市圏特定市	左以外の都市	計
生産緑地以外	12,077ha（16.8%）	46,459ha（64.8%）	58,535ha（81.6%）
生産緑地	13,081ha（18.2%）	107ha（0.1%）	13,188ha（18.4%）
計	25,158ha（35.1%）	46,565ha（64.9%）	71,723ha（100.0%）

出典：農林水産省「都市農業を巡る情勢について」H30.5

9 都市農家の実情

問 都市農家の農業経営や不動産経営の実態、都市圏による違いなど教えてください。

答

1 都市農家の経営耕地面積は全国平均の約5割

農林水産省が実施した平成23年都市農業に関する実態調査によると、都市農家1戸当たりの経営耕地面積は、75aで、全国農家平均の5割程度にとどまっています。

図表1-4　農家1戸当たり経営耕地面積

	都市農家全体	三大都市圏特定市	地方都市	全国平均
(a)	75	64	93	143

（全国平均の5割）

出典：農林水産省「都市農業を巡る情勢について」H30.5

都市農地を利用した農産物の平均販売額は、全国農家平均よりは若干高めですが、それでも年間100万円未満の農家が大半を占めています。

図表1-5　農産物の年間販売金額（農家数割合）

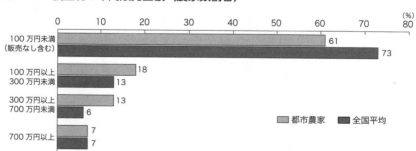

	都市農家	全国平均
100万円未満（販売なし含む）	61	73
100万円以上300万円未満	18	13
300万円以上700万円未満	13	6
700万円以上	7	7

出典：農林水産省「都市農業を巡る情勢について」H30.5

2 都市圏により異なる農業形態。関東は畑、関西は水田

　農林水産省が実施した平成24年都市農業・都市農地に関するアンケート調査によると、都市農家一戸当たりの経営耕地面積は全国平均で70.7a。

　都市圏別では、首都圏の規模が大きく、中京圏、近畿圏が小さくなっています。

　また、農産物の年間販売金額についても、首都圏では100万円以上売り上げる農家が7割を占める一方、中京圏、近畿圏では100万円未満が7～8割を占めています。このことに関連し、首都圏では、農地の大半が畑で、水田は89.0aのうち、2割弱の17.4aにとどまっているのに対し、中京圏及び近畿圏では、農地の大半が水田で、畑は全体の2～3割になっています。

図表1-6　経営面積の状況（1戸あたり面積）

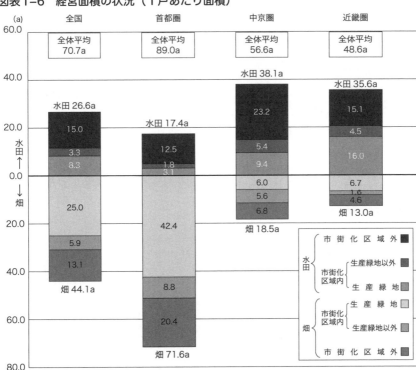

出典：農林水産省「都市農業・都市農地に関するアンケート（H24）」の結果について

図表1-7　農産物の販売金額別の回答者数の割合

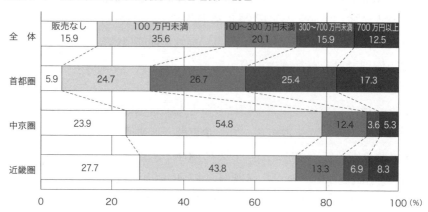

出典：農林水産省「都市農業・都市農地に関するアンケート（H24）」の結果について

3　都市農家の所得の65％が不動産経営

　都市農家では、転用宅地を利用した不動産経営が盛んに行われており、農林水産省が実施した平成24年都市農業・都市農地に関するアンケート調査によると、都市農家の平均所得610万円の約65％を占めています。

　不動産所得の中心となっているのがアパート経営で、別の調査によると平均で、1棟（8戸）～2.5棟（20戸）程度を保有しています。

　これには、都市農家の負担する固定資産税（農地や敷地）が、一般の農家に比べ大変高くなっており、農業生産だけではまかなえないという背景もあります。別の調査では、首都圏の東京都心に近接する都市では、

図表1-8　農家所得

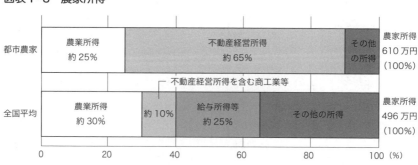

出典：農林水産省「都市農業を巡る情勢について」H30.5

固定資産税が農業販売額をはるかに上回る600万円以上の農家の割合が50％を超えるという結果が出ています。

4 都市農家の高齢化と相続税対策

農林水産省が実施した平成23年度都市農業に関する実態調査によると、世帯主等、農家の経営の中心を担っている者の年齢が65歳以上の農家の割合が約5割を占め、高齢化が進んでいることがわかります。

しかし、次の世代の後継者が決まっている農家の割合は、全体の37.2％にとどまっており、誰も継がないと思っている農家が34.6％に達しています。

図表1-9 農作業を中心となって担う者の年齢階層（農家数割合）

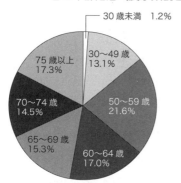

図表1-10 農業後継者の有無（農家数割合）

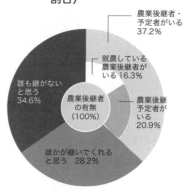

出典：農林水産省「都市農業に関する実態調査結果」についてH23.10

戦後の民法で、家督相続制が廃止され、法定相続人による遺産相続（均分）が原則となりましたが、日本の農業の最も安定的な基盤が家族経営であることには変わりありません。

このため、生前贈与や相続により、次世代の農業の担い手に農地を円滑に引き継ぐことができるよう、相続税等の納税猶予措置が講じられていますが、JA全中のアンケート調査結果によれば、農地の相続税評価額が極めて高い都市部においては、およそ4割の農家がこの制度を利用しています。

図表1-11　都道府県別相続税納税猶予適用状況

都道府県名	生産緑地面積 (ha)	納税猶予適用面積 (ha)	納税猶予適用率 (%)	有効回答団体数
茨城県	46.10	13.63	29.6	3
埼玉県	1,091.10	366.01	33.5	26
千葉県	933.90	355.43	38.1	5
東京都	2,943.30	1,130.28	38.4	32
神奈川県	1,061.60	423.93	39.9	14
首都圏	6,076.00	2,289.28	37.7	90
静岡県	220.8	55.35	25.1	1
愛知県	877.00	348.23	39.7	20
三重県	154.3	23.50	15.2	1
中部圏	1,252.10	427.08	34.1	22
京都府	736.00	299.37	40.7	5
大阪府	1,456.10	530.20	36.4	24
兵庫県	412.70	168.28	40.8	7
奈良県	371.70	159.88	43.0	8
近畿圏	2,976.50	1,157.73	38.9	44
総計	10,304.60	3,874.09	37.6	156

出典：JA全中「市街化区域内農地等に関する自治体アンケート調査（H29.3）特定市数190

　農地の相続税納税猶予制度は、農業の世代間承継を実現する上で大変有効な制度ですが、都市農家においてはその限界があるのも事実です。

　先に見たように、農地以外の不動産を多く所有している都市農家で相続が発生した場合、農地についてはこの制度を活用したとしても、それ以外の不動産に係る相続税に充当する財源として、生産緑地等の農地の一部を宅地として処分せざるを得ず、結果として、世代交代のたびに農地が減少するのは私たちが良く目にすることです。

10　日本農業の歴史

問 都市農地の背景を理解するため、世界の農地事情と日本の農地の特徴、日本の農業・農地の歴史についても教えてください。

答
1　世界の農地事情

　生命を維持する上で不可欠な食物を栽培する農業は、人類にとって最も重要な産業です。

　そうした農業が行われる農地は、大変公共性の高い土地利用ですが、道路や公園のような公共用地とは異なり、産業用地としての私的管理に委ねられています。

　この、機能としての公共性と、私的管理・所有をどのように調整するかが、各国で農地制度が必要となる理由と言えます。

　農地制度は、その国の歴史と深く結びついて形成されており、国際的にみると、アメリカやオーストラリアのような新たに開拓された国、南米のように植民地だった国のように、その歴史を反映し、農地の広さや所有関係等が日本とは大きく異なっている国もあります。

　自然条件も各国により大きく異なっています。

　国土面積に占める可住地面積の割合をみると、平地や丘陵部の多いフランス、ドイツは約7割、イギリスに至っては約9割となっているのに対し、急峻な地形である日本では3割に過ぎず、土地の生産性や建国の歴史等の違いはあるものの、人口1人当たりの農用地面積ではフランス46a、ドイツ20a、イギリス27aであるのに対し、日本は僅か4aに留まり、土地の所有・利用を巡って繰り返された激しい争奪の歴史を想起させます。

図表1-12　世界各国における可住地面積、農地面積等の比較（2011年）

（単位：万人、万ヘクタール）

	人口 (A)	国土面積 (B)	可住地面積 (C)	農用地面積 (D)	C/B (%)	D/A (アール/人)
日本	12,732	3,780	1,146	456	30	4
フランス	6,358	5,492	3,876	2,909	71	46
ドイツ	8,289	3,571	2,378	1,672	67	20
イギリス	6,267	2,436	2,130	1,716	87	27
アメリカ	31,491	98,315	61,034	41,126	67	131

注1：「可住地面積」は「Land Area（土地面積）」（Total Areaから内水面を除いたもの）から「Forest And Woodland（森林面積）」を除いて推計した数値。
注2：「農用地面積」は「Agricultural Land」の数値。(「Arable Land（耕作地）」、「Permanent Crops（永年作物地）」及び「Permanent Pasture（永年牧草地）」の合計値。)
出典：FAOSTAT

2　稲作が育んだ日本の文化

　我が国の農地、農業の歴史は稲作の歴史といっても過言ではありません。
　米は、農作物の中で面積当たりの扶養人口が最も多く、また連作が可能な優れた作物であり、東アジアから南アジアにかけてのモンスーンアジアと呼ばれる気候風土に最も適しています。
　我が国では弥生時代に稲作が渡来して以降、土地の貴重性は急激に高まり、狭い国土にあって土地の最有効利用は水田となったのです。
　水田は細分化され、人口も急増し、山上まで棚田が広がり、水田の中に集落が散在する日本の原風景が形成されました。
　大化の改新で全ての土地は国家所有とされましたが、通説ではその際、大人が1年間生活できる分量を米1石（150kg）と表示し、それを産出する水田の広さを1反としたと言われています。
　いわゆる「3反百姓」とは3反の水田があれば家族が生きていけたということを表しています。
　こうして、中世で1千万人近く、江戸末期には3千万人を超えた人々が総じて安定した社会を営むことが可能となり、日本は、江戸時代後期においては世界でもっとも人口の稠密な（繁栄した）地域の1つでした。
　明治時代以降、若干の都市化がみられたものの、稲作をベースにした

このような農耕社会は、太平洋戦争の終戦まで、二千数百年続いたと考えられます。

近代に入って、世界の歴史の歯車が大きく動き出し、その中で誕生した明治政府は増大する軍費等の調達のため、地租改正により史上初めて、土地の私的所有を認め土地所有者への資産課税を行ったのです。

その結果、課税に耐えられない農家が小作化することにより大規模な寄生地主と大量の小作人を生み出すこととなりました。

図表1-13　農地制度の歴史

時代	年	事項	内容
飛鳥	645	大化の改新	公地公民（土地と人民はすべて国家の所有）を宣言
飛鳥	700頃	班田収授法・口分田	民に口分田（土地）を貸与し、租（年貢）を徴取
奈良	723	三世一身法	開墾農地の3世代までの私有を認める
奈良	743	墾田永年私財法	開墾農地の3私有を永代まで認める※以後荘園制が発達
安土桃山	1582	太閤検地	田畑各筆ごとに耕作者を登録（租税は耕作者と領主の関係に整理） 約150万町歩（約1,500万石）⇔人口約1,500万人？
江戸	1643	田畑永代売買禁止令	農地売買の禁止
明治	1873	地租改正	土地の私的所有権の確立（所有者に対する地券の発行、所有者は税負担義務）※以後寄生地主が拡大
大正	1920頃	小作争議多発	小作料の減免や耕作権の擁護等、小作人による社会運動
昭和	1946～50	農地改革 自作農創設特別措置法制定	小作地等の買収・売渡し
昭和	1952	農地法制定	農地改革の成果を維持（自作農主義）

また、工業化の基盤が未整備であるにも関わらず、それまでの食料生産に見合った人口抑制政策に代わり、殖産興業、富国強兵の名のもとでの人口増加が図られた結果、農村部の貧困が深刻化し、余剰人口の受け皿や食料確保等を目的とした対外拡張が進められ、今次大戦に繋がることとなったと言われています。

このため、戦後日本の再出発に当たっては、戦前期の日本社会を特徴づけていた半近代的な農村社会の改革がその主要な柱の一つとされ、いわゆる農地改革が実施されたのです。

3 人口・耕地面積はどのように推移したのか

古代から近世にかけて田の面積は、100万町歩（約100万ヘクタール、1,000万反、約1,000万石）程度から微増し、新田開発が進んだ江戸時代末に300万町歩（約300万ヘクタール、約3,000万石）程度に達しましたが、人口もそれに対応し1000万人前後から約3000万人の数字であったと考えられています。

現在は国土面積3,780万ヘクタールの12％、約450万ヘクタールが耕地となっていますが、稲作作付面積はそのうちの約150万ヘクタール、現在の米生産量は約850万トン（約5,600万石）ですから、生産性は当時に比べて3倍以上増加していることになります。

図表1-14 人口・耕地面積の変遷

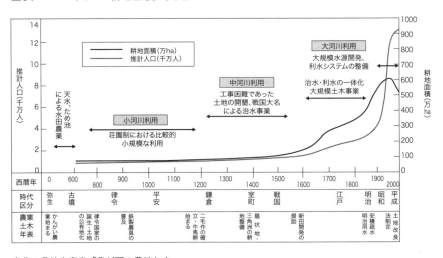

出典：農林水産省「我が国の農地と水」

Ⅲ 農地制度と都市農地

11 農地法による規制

問 一般の宅地と異なり、農家以外の人が農地を所有したり、利用したりすることができないと聞きましたが本当ですか。

答

1 農地の売買や貸借には農業委員会の許可が必要

　市街化区域内にある農地も、当然、農業政策、農地政策上は、農地と位置付けられており、従って、農地法など、農地を対象とした国の農業政策、農地政策に基づく法律等が適用され、農地の権利移動及び転用の規制が行われることになります。

　市街化区域内農地は、農地を転用して宅地にすることについては、届出で済むこととなりましたので、農地法のことを考えなくていいかのような誤解がありますが、もう一つの規制、即ち農地のままで譲渡したり貸し借りしたりすることについては、一般の農地と同じ規制が働いていることをまず理解する必要があります。

　したがって農地法上の農地を、契約により売買や貸借する際には、農業委員会の許可が必要となり（農地法第3条）、許可を受けずに行った契約等はその効力が生じません。

2 厳しい許可条件

　第3条の第2項で示されている許可基準（主要5要件等）は、次図の通りで、取得後の農地面積要件や農作業常時従事要件等を満たさないとこの許可が受けられず、農家や農業経営企業以外の人、法人が所有や利用することは大変難しくなっています。

図表1-15 主要5要件等

①全部効率利用要件	農地の権利を取得しようとしている者又はその世帯員等が、権利を有している農地及び許可申請に係る農地の全てについて、効率的に利用して耕作の事業を行うと認められるか
②農地所有適格法人要件	法人の場合は、農地所有適格法人かどうか
③農作業常時従事要件	農地の権利を取得使用としている者又はその世帯員等が、取得後において行う耕作に必要な農作業に常時従事すると認められるか ※常時従事とは年間150日以上をいう
④下限面積要件	取得後の農地面積の合計が50アール（北海道では2ヘクタール）以上あるか ※農業委員会が別に面積を定めている場合（10アール以上）はその面積
⑤地域との調和要件	耕作等の内容、位置及び規模からみて、農地の集団化、農作業の効率化その他周辺地域における農地の農業上の効率的かつ総合的な利用の確保に支障を生じないか
その他（信託の引受けによる権利取得、所有権以外の権利に基づく貸付等に該当しないか）	

　また、農地を賃貸借すると法定更新等の耕作者保護の規定（第16条～第18条）が適用されることとなり、農地の貸借を進める上での障害となっています。

　同じ農地法でも、農地転用規制は立地状況に即して行われることとなっており、市街化区域内農地の場合は、農地転用（第4条）や、農地転用を目的とする権利移動（第5条）は農業委員会に届出をすればよいのですが、第3条や第16条～第18条の規制は、農地であること自体の重要性が根拠となっていますから、市街化区域内農地であれ、生産緑地地区内の農地であれ、およそ農地であれば等しく適用されることとなります。

3　契約内容も規制

　農地の譲渡、貸借を行うためには農地法の許可（3条）に加え、契約やその解除等も農地法（第17条、第18条）に従って行う必要があります。

我が国では、近代私法の原則といわれる私的所有権絶対や契約自由の原則の下、本来、不動産である土地は、民法上の主体としての条件を満たした人や法人であれば、誰でも売買や貸借の契約をすることにより自由に利用することができます。

　もちろん、道路や公園等の公共施設予定地内の土地の建築規制、用途地域に応じた建築規制、農業振興地域農用地区域での開発行為の規制、生産緑地地区内での行為規制など、特定の区域を対象として都市計画法や建築基準法等の公法による土地利用規制（行為規制）が行われることはありますが、私人間の契約の仕方に対する規制ではありません。

　契約行為を規制する類似の仕組みとしては、借地借家法による規制（建物の所有を目的とする借地契約や建物の賃貸借契約についての規制）がありますが、借地借家法は民法の特別法としての位置づけとなっています。

　農地法のように刑罰を伴う、契約行為への規制は、ほとんど例が無く、近年では、地価の暴騰に対処するため制度化された国土利用計画法による取引規制がありますが許可が必要な規制区域については法施行（昭和49年）以来指定実績がありません。

　農地の場合、国民の食糧確保の貴重な資源であり、過去の歴史的教訓を踏まえ農地が農業者に耕作されている状態を確保することが国にとって極めて重要と考えられることから、他に例のない、このような公法による契約行為規制が行われていると考えられます。

12　生産緑地法と農地法の違い

問　生産緑地法の規制と農地法の規制は、考え方が異なっているとはどういうことですか。

答
1　規制目的の違い

　生産緑地の規制は、都市住民の緑環境保全のためのものであり、農地法の規制は国の大切な産業用地の確保と利用の適正を図るためのものです。

　今国会での都市農地の貸借の円滑化に関する法律の衆議院質疑の中で、「農地法でソーラーシェアリング設置について弾力的な措置を講じているのに何故生産緑地法では建築規制を緩和しなかったのか」という質問に対し、国土交通省の政府参考人が「ソーラーシェアリングについては（生産緑地法の目的である）良好な都市環境の形成に支障を及ぼす可能性もあることから生産緑地法の改正対象としなかった」旨述べているのはこの関係をよく表しています。

　東京など大都市圏の農地の多くは、生産緑地になっていますが、生産緑地とは、正確には、市街化区域内で、市町村が都市計画で定めた生産緑地地区にある土地（農地等）又は森林のことで、都市計画（生産緑地法）に基づき建築や開発の行為制限がなされると共に、農地等としての肥培管理の義務付けなどの規制が適用されます。

　生産緑地法の規制の中にある肥培管理の義務付けについても、生産緑地地区の環境維持のための規制と理解する必要があります。

　農地を宅地にする農地転用規制（農地法）と、生産緑地の開発規制（生産緑地法）のように似通った内容のものもあり、その区別はわかりにくいのですが、農地法は農業委員会等（農業委員会事務局）、生産緑地法は、市町村長（都市計画・公園緑地部局）がそれぞれ担当しており、規制の目的、対象、手続きが異なったものです。

　ですから、生産緑地地区の農地を利用してレストランを建築すること

について、生産緑地法の手続きをとり市町村長の建築許可を受けたとしても、農地を宅地に転用することについて農業委員会に届出をしなければなりません。

2　建設行政は公共物管理、農林水産行政は産業政策

　生産緑地制度の属する建設行政（旧建設省関係）の根底にあるのは、道路、河川、都市公園等、公共施設の整備・管理です。

　国や地方公共団体が主体となって、特定の個人や集団の利益ではなく、利用者である国民全体の利益を考量して公共施設を整備・管理することが行政の基本となります。

　他方、農地制度の属する農林水産行政は産業行政の一つで、主体は産業（農業）を営む特定の法人や個人であり、国や地方公共団体はそれを側面から手助けをし、産業として育成、誘導することとなります。

　生産緑地と農地法等の関係を理解するには、それぞれの主務官庁である国土交通省と農林水産省の行政のありようの違いを頭に入れておく必要があります。

　生産緑地は地方公共団体が公共的観点（都市計画）から区域を決め、建築等の規制を行いますが、農林水産省や地方公共団体の農業部局は生産緑地内の農地で農業を営む法人や個人に対して農地法による規制や産業支援を行うこととなります。

13 関係税制

問 都市農地に関係する主な税制特例について教えてください。

答 都市農地の関係する主要な税制特例は、固定資産税（及び都市計画税）と相続税（及び贈与税）ですが、税金徴収の当事者（当局）は、それぞれ、国税は税務署（国税庁）、固定資産税は市町村の税務部署となります。

都市農地制度と税制特例（優遇）の関係については、農地法や生産緑地法等、農地利用に関する規制の強弱の区分に応じて税の特例措置が講じられています。

① 固定資産税

固定資産税の課税については、もともと農地と宅地については土地の収益性の違いを踏まえ、それぞれ別の土地評価、課税（負担調整）を行うこととなっていますが、宅地化促進の観点から平成3年に国としての統一ルールが定められ、農地であっても、大都市（三大都市圏特定市）の市街化区域内農地については宅地並み評価・宅地並み課税、それ以外の市街化区域内農地については、評価は宅地並み、課税（負担調整）は農地並みとする等、地域区分に応じた土地評価、課税方法が定められたことは周知の通りです。

② 相続税

相続税の納税猶予制度は、農業経営の世代承継を支援する観点から、全国の農地を対象に昭和50年に創設されたもので、平成3年の制度改正で、大都市（三大都市圏特定市）については、生産緑地以外の農地はこの適用外とされました。

この措置を受けられるのは農業者であり、対象の土地も農地（農地法上の）だけですので、こうした要件に合致している証明等の事務は農業委員会等に委ねられています。

なお、生産緑地地区内の宅地の扱いについては、その土地評価に当たって、生産緑地地区の規制が考慮されており、生産緑地内にある宅地の固定資産評価は、農地評価に造成費を加えたものとされていますし、生産緑地内の土地の相続税資産評価は買取り申出までの年数に応じて減価することとなっています。

14　農地法と耕作者主義

問 農地法の柱といわれる耕作者主義とは何ですか。また、農地改革との関係など農地法が制定された経緯について教えてください。

答

1　耕作者主義とは？

　創設時の農地法第1条（法の目的）に謳われていた「農地はその耕作者みずからが所有することを最も適当であると認めて、耕作者の農地取得を促進し、及びその権利を保護し……」という考え方のことで自作農主義とも言います。

　農業の担い手への農地集積を進めるため、平成21年に法の目的変更を含む農地法の大改正が行われ、現在の農地法第1条（法の目的）は「耕作者自らによる農地の所有が果たしてきている重要な役割も踏まえつつ……農地を効率的に利用する耕作者による……権利取得を促進し」と変わっていますが、この自作農を中心にした考え方、耕作者を保護する考え方は現在も依然として農地法の骨格を成しており、具体の規定の中の随所に残っています。

2　農地改革との関係など農地法が制定された経緯

　農地改革とは、戦前の軍国主義と海外侵略の温床になった、農村における封建的生産関係、すなわち、一握りの不在地主とそれに支配される多数の零細小作農という状態を抜本的改革することを目指し、昭和21年からGHQが進めた戦後改革の大事業です。

　自作農創設特別措置法等により、不在地主の土地の全てと在村地主の土地（北海道は4町歩、内地は1町歩を超えた土地）が強制的に政府に買収され、小作農家に分配されました。

　その結果、耕地の半分近くが小作地で農家の約7割が零細農家という、以前の状況が大きく変貌し、耕作地面積約500万町歩の内、約200万町

III 農地制度と都市農地

歩（小作地の約8割）が小作人に解放され、280万戸であった自作農が540万戸へと260万戸も増加したのです。

昭和27年に制定された農地法は、自作農の創設と、残った小作地における耕作者（小作人）による農地取得の促進・権利擁護という農地改革の理念である「耕作者主義（自作農主義）」を継承し、その成果を守って、困窮した農家が土地を手放すこと等により戦前の状態に逆戻りすることがないようにするために立法されたと言われています。

なお、農地法と前後して、協同することにより自作農家の経営基盤を強化するための農業協同組合法、不作や災害時の減収に備える互助制度としての農業災害補償法、圃場整備等により農地の生産性を高めることを目的とした土地改良法など、農地改革の成果を守るために制定された法律が現在も農政の基礎となっていることを付け加えておきます。

図表1-16　農地改革

- 農地改革とは、戦前の軍国主義と海外侵略の温床となった農村における封建的生産関係、即ち一握りの不在地主とそれに支配される多数の零細小作農という状態の抜本改革

- 創設された自作農を守り、残った小作地における小作人（耕作者）の農地取得を促進

| 農地法 | 農協法 | 農業災害補償法 | 土地改良法 |

15 農地法の内容

問 農地法の主な内容について教えてください。

答

1 農地法の主な内容

創設時の農地法は、法制定の経緯を踏まえ、次の5つの柱から構成されていました。

① 農地の貸借人の地位の安定のための制度（農地賃貸借の対抗力、法定更新及び解約の制限等）
② 戦時立法として始まった小作料の統制
③ 戦時立法として始まった農地の権利移動及び転用の制限
④ 自作農創設政策としての、小作地の所有制限及び政府による買収売り渡し
⑤ 戦後の開拓事業による自作農創設のための政府による未墾地の買収売渡し

現在は、このうち先に述べた平成21年の大改正により、②、④、⑤が廃止され、重要性が高まっている遊休農地に関する措置が新たに盛込まれました。

また、同時に「小作地」「小作農」等の用語も条文中から削除されました。

2 現在も残る耕作者主義

現在の農地法の中で、耕作者主義の影響が色濃く残っているのは、この中の第2章〈権利移動及び転用の制限等〉中の法第3条（農地又は採草放牧地の権利移動の制限）、第3章〈利用関係の調整〉中の法第16条（農地又は採草放牧地の賃貸借の対抗力）、法第17条（農地又は採草放牧地の賃貸借の更新）、法第18条（農地又は採草放牧地の賃貸借の解約等の制限）の条文です。

以下、その概要を見ておきます。

図表1-17 農地法

農地法

- **第1章 総則**
  - ・目的、定義
  - ・農地について権利を有する者の責務
- **第2章 権利移動及び転用の制限等**
  - ・農地又は採草放牧地の権利移動の制限（第3条）
  - ・農地の転用の制限（第4条）
  - ・農地又は採草放牧地の転用のための権利移動の制限（第5条）
  - ・農地所有適格法人の権利移動等に係る規定
- **第3章 利用関係の調整**
  - ・農地又は採草放牧地の賃貸借の対抗力（第16条）
  - ・農地又は採草放牧地の賃貸借の更新（第17条）
  - ・農地又は採草放牧地の賃貸借の解約等の制限（第18条）
  - ・賃貸借の存続期間、強制競売・競売・公売の特例
  - ・農業委員会等による和解の仲介
- **第4章 遊休農地に関する措置**
  - ・利用状況調査・利用意向調査
  - ・農地中間管理機構等による協議の申し入れ
  - ・勧告、裁定・措置命令
- **第5章 雑則**
  - ・国が買収した土地の管理
  - ・違反転用に対する処分
  - ・農地台帳の作成・公表
  - ・法定受託事務の区分等
- **第6章 罰則**
- **附則**
  - ・4haを超える農地転用等について当分の間、大臣協議

○第3条（農地又は採草放牧地の権利移動の制限）

　農地又は採草放牧地の所有権の売買、貸借等の権利移動を行う際には、法に定められた例外を除き、自らが耕作する要件を満たすことを示して農業委員会の許可を受けなければなりません。

○第16条（農地又は採草放牧地の賃貸借の対抗力）

　一般の不動産の賃貸借は登記がなければ第三者に対抗することができ

ませんが、農地等の賃貸借に限り（耕作者が）土地の引渡しを受けていれば、登記がなくても第三者に対抗できます。

○第17条（農地又は採草放牧地の賃貸借の更新）

期間の定めのある賃貸借契約を結んでいる場合であっても、期間満了の1年前から6ヶ月前迄に相手に更新しない旨の通知をしない場合は、契約は自動的に更新されてしまうといういわゆる「法定更新」の規定です。

○第18条（農地又は採草放牧地の賃貸借の解約等の制限）

農地等の賃貸借の契約を解除しようとする場合は、都道府県知事の許可を受けなければなりません。ただし、一定の合意解約や、10年以上の期間の賃貸借などは除かれます。

第17条や第18条の規定により耕作権保護が行われているため、一度貸した農地は返って来ないなどとして、農地の新たな貸借が進まないことが指摘されています。

16 賃貸借の法定更新制度

> **問** 農地の賃貸借が進まない理由として、一度貸すと返って来ないということをよく聞きますが根拠があるのですか。今回の制定された都市農地貸借円滑化法との関係も教えてください。
> また、契約に相続発生時に返却してもらうような特約を付けることはできないのですか。

答

1 農地賃貸借の法定更新制度

　農地を貸すと返って来ないというのは、農地法の基礎となっている耕作者保護の考え方に基づき、農地の賃貸借には農地法の法定更新制度が適用されるからです。

　農地を賃貸借した場合、その賃貸借契約で期間を定めていた場合であっても、貸し手が事前に契約更新をしないことを所定の期間内に相手方に通知しなければ、その賃貸借契約は前と同じ条件で自動的に更新され（農地法第17条）、この契約更新しない旨の通知は、原則として、都道府県知事の許可（権限移譲している場合は市町村農業委員会）が必要となります（農地法第18条第1項）。

　都道府県知事の許可を得るためには、契約を解約することについての正当事由が必要となるので、借り手が普通に耕作している場合にはご質問のように一度貸したら返してもらうのが難しいということになるのです。

2 都市農地貸借円滑化法の目的

　新しい農林水産省の法律「都市農地の貸借の円滑化に関する法律」は、生産緑地地区内の農地について、一定の要件を満たす貸付を法定更新制度の適用対象から外すことにより都市農地版の定期借地制度を創設し農地の賃貸借を進めることを主な目的としています。

　宅地化が見込まれる一般の市街化区域農地については、この都道府県

知事の許可条件の一つに「農地等を転用することが相当な場合」がありますから大きな問題にはなりませんが、将来にわたって農地を保全しようとする生産緑地については、その有力な選択肢であるはずの農地賃貸借にとって、税金（納税猶予打ち切り）の問題と並んでこの法定更新制度が大きなネックとなっているからです。

　なお、市街化調整区域などでは、農業の担い手への農地の集積という国の政策に合致した貸付（利用権設定等）については、法定更新が適用されないという、一般農地版の定期借地制度がすでに制度化されていますが、市街化区域はその適用対象から外れています。

3　相続時解約の条件を付けられるか

　一般の宅地と異なり、農地の賃貸借では、相続時解約の条件を付けることはできません。

　農地等の賃貸借契約に付けた解除条件又は不確定期限は付けないものとみなすことが定められており（農地法第18条第8項）、相続発生時の返却は、この不確定期限に該当するため、契約を締結していたとしても紛争時に効力が認められません。

　今度の新しい「都市農地の貸借の円滑化に関する法律」でもこの規定は外れていませんので、合意解約が難しいような場合には設定する契約期間に注意する必要があります。

　なお、生産緑地法に基づき、農地所有者が主たる従事者の死亡を理由に生産緑地の買取申出を行う際にも、買取に伴い賃貸借契約を解除することについて借地人の同意が必要となります（生産緑地法第10条第1項）。

17　農地政策の変遷

問　近年、貸借等による担い手への農地集積が進められていますが、農地法制定当初掲げられた自作農主義とは大きな隔たりがある様な気がします。国の農地政策が変化した経緯、現状、都市農地の位置づけについて教えてください。

答

1　昭和36年の農業基本法の制定

　国の農地政策が大きく変化した最初のエポックは、昭和36年（1961年）の農業基本法（現在は、「食料・農業・農村基本法」に名称が変わっています。）の制定です。

　この法律は、農業と商工業等の従事者の格差の拡大を是正するために、国の政策として農業経営規模の拡大とそれに向けた農地の流動化を進めることを明らかにしたものです。

　農地改革の時代には、日本の将来の姿は、改革により新たに誕生した自作農を中心に食糧自給に取組む農業国とイメージされていたと思われますが、実際には、その後の朝鮮戦争等を経て、輸出産業が牽引する工業国へと高度成長を遂げることとなりました。

　その結果、農産物の消費構造に変化が生ずると共に、農業と他産業の間の給与水準や生活水準の格差が拡大し、農業の担い手が減少するという問題に直面したのです。

　その後は、この基本法に従い、農地法についても、様々な軌道修正が行われることとなりましたが、法改正の流れの軸になっているのは、当初認められていなかった法人の参入と農地版の定期借地制度の創設・拡大です。

2　法人参入

　まず、農業基本法の翌年、新たに農業生産法人（現在の農地所有適格法人）制度が創設され、平成12年に株式会社が農業生産法人として認められることとなりました。

更に、平成15年には構造改革特区内で一般企業が農地を貸借できるいわゆるリース特区制度ができ、その後、農業経営基盤強化促進法の特定法人貸付事業となり、平成21年の農地法の大改正の中で農地法第3条第3項に位置づけられた一般制度になっています。

3　農地版の定期借地制度の創設・拡大

昭和45年（1970年）に、それまでの所有権による規模拡大から賃借による規模拡大へ路線が転換され、農地法の特例として、農地版の定期借地といわれる農用地利用増進事業（現在の利用権等設定促進事業）が創設されました。

平成5年（1993年）に農業経営基盤強化促進法となり、平成21年に、より積極的に農地集積を進めるための農地利用集積円滑化事業が創設され、平成25年には更に強力な仕組としての農地中間管理機構が創設されています。

4　農地集積施策の対象から外れた都市農地

市街化区域内農地は、国の農地施策の対象とみなされていなかったため、農業経営基盤強化促進法による担い手への農地集積施策の対象から外れています。

しかし、生産緑地についても、平成5年に農業経営基盤強化促進法の対象からはずれた後、平成17年から平成21年の間は再び対象となっていた時期がありました。その後、平成21年の農地法改正で適用対象から除外され現在に至っています。

Ⅲ 農地制度と都市農地

figure 図表1-18 農地法関係年表

時代	年	事項	内容
明治	1873	地租改正	土地の私的所有権の確立（所有者に対する地券の発行、所有者は税負担義務） ※以後寄生地主が拡大
大正	1920年頃	小作争議多発	小作料の減免や耕作権の擁護等、小作人による社会運動
昭和	13 1938	農地調整法制定	農地貸借の対抗力、小作契約の解約制限
昭和	16 1941	臨時農地等管理令	農地転用規制
昭和	19 1944	臨時農地等管理令改正	耕作目的の農地の権利移動制限
昭和	21～ 1946～50	農地改革 自作農創設特別措置法制定	小作地等の買収・売渡
昭和	27 1952	農地法制定	農地改革の成果を維持（自作農主義）
昭和	36 1961	農業基本法制定	農業構造改善政策への転換
昭和	37 1962	農地法改正	農業生産法人制度創設等
昭和	43 1968	都市計画法改正	市街化区域内農地の転用が届出に
昭和	44 1969	農業振興地域整備法制定	農業振興地域の指定（都市計画法に対応）
昭和	45 1970	農地法改正	貸借による規模拡大へ転換 農地保有合理化事業の創設、賃貸借の解約制限の緩和
昭和	50 1975	農用地利用増進事業の創設	農地流動化に向け利用権設定の促進（農振法改正）
昭和	55 1980	農用地利用増進法制定	
平成	1 1989	特定農地貸付法制定	市民農園についての農地法の特例
平成	2 1990	市民農園整備促進法	市民農園施設についての農地転用等の特例
平成	3 1991	都市農地税制・生産緑地法改正	特定市街化区域内農地の宅地並み課税
平成	5 1993	農業経営基盤強化促進法制定	農用地利用増進法の名称変更、認定農業者制度創設
平成	11 1999	食料・農業・農村基本法制定	都市及び周辺における農地を施策対象に位置づけ
平成	12 2000	農地法改正	株式会社による農業生産法人を許容
平成	15 2003	リース特区制度創設	構造改革特区制度の中で一般企業等がリース方式で農業参入
平成	17 2005	特定法人貸付事業制度創設	リース特区の全国展開（農業経営基盤強化促進法改正）
平成	21 2009	農地法改正	目的変更、特定法人貸付事業を農地法の一般制度化、遊休地対策全国展開 農地利用集積円滑化事業の創設（農業経営基盤強化促進法改正）
平成	24 2012	「人・農地プラン」スタート	
平成	25 2013	農地中間管理事業法制定	農地中間管理機構による農地流動化の推進
平成	25 2013	農地法改正	農地中間管理機構による遊休地対策の強化
平成	27 2015	第5次地方分権一括法	全ての農地転用許可権限を都道府県知事に移譲

Ⅳ 平成3年の制度改正

18 都市農地制度の歴史

問 都市農地制度は昭和43年と平成3年の2つのエポックを経て現在の姿になりました。農地の税・規制の歴史と昭和43年の新都市計画法制定時の改正及び平成3年の改正の経緯と内容について、教えてください。

答

1 農地の税・規制の歴史

農地が市街化区域内の農地とそれ以外の農地に区分されるまでは、全国の農地には区分なく同一の税制(固定資産税、相続税)が適用されていました。

戦後のシャウプ勧告に基づいて市町村税となった固定資産税は、明治政府の地租改正により創設された地租(国税)の時代から、課税の基準を巡って様々な曲折がありましたが、現在は土地収益をベースにした売買実例価格比準方式により算定された評価額に対して課税されることとなっており、農地の税額は宅地に比べて大変低い水準となっています。

また、相続税は当初は日露戦争後の戦費調達を目的とした暫定的なものとして創設されましたが、恒久化され、戦後の家督相続から均分相続への民法改正などに合わせ改正されてきました。

農地に関しては、農業経営を継続する相続人を税制面から支援することを目的に、昭和50年に全ての農地を対象に猶予期限を20年とする相続税の納税猶予制度が設けられました。

また、土地利用規制については、昭和27年に制定された農地法によって全国の農地に対して一律に権利移動や転用の規制等がなされていました。

2 昭和43年の新都市計画法制定

都市農地制度(都市農地に対する特別な課税強化と利用規制の緩和)

が姿を現す第1のエポックは、昭和43年、都市計画区域における線引きを定めた新しい都市計画法の制定です。

これに合わせ、昭和45年に農地法が改正され、市街化区域内の農地転用が許可制から届出制に変わりました。

また、線引き当初、市街化区域内にはその2割を超える約30万haの農地が含まれていたため、昭和46年には地方税法が改正され、市街化区域内の農地について段階的に宅地並み課税を実施することとなりました。

旧生産緑地法による第一種生産緑地、第二種生産緑地は、こうした宅地並み課税を免除される保全農地の受け皿として昭和49年に制度化されたものです。

しかし、現実には宅地並み課税が農地所有者の反対等から地方公共団体が助成策を講ずるなど、なかなか進まず、旧生産緑地地区はそのメリットが不明確となり、それほど多くは指定されませんでした（昭和56年度末で、第一種生産緑地地区は335.5ha、第二種生産緑地地区は287.4ha）。

結局、政治決着により、昭和57年に固定資産税の納税猶予制度である「長期営農継続農地制度」が創設され、宅地並み課税の実施は、一時棚上げされました。

図表1-19　長期営農継続農地制度

◆長期営農継続農地制度の概要（固定資産税の納税猶予）	
10年以上の長期営農継続の意思があり、現に耕作の用に供されている場合には、宅地並み課税と農地相当課税との差をいったん徴収猶予し、5年経過後に税額を免除	
対象農地	三大都市圏特定市の市街化区域内農地
面積要件	990㎡以上
認定実績	（1983年3月末） 市街化区域内農地　　67,200ha 課税対象農地　　　　47,600ha 長期営農継続認定　　35,000ha（認定率74%）

図表1-20　都市農地制度関係年表

年		内　容
1969年	昭和44年	新都市計画法施行
1971年	昭和46年	農業振興地域の整備に関する法律施行
1971年	昭和46年	地方税法改正（翌年から宅地並み課税の実施） （A、B、C農地に区分、段階的に実施）
1972年	昭和47年	地方税法改正（宅地並み課税の1年延期）
1973年	昭和48年	地方税法改正（A、B農地の宅地並み課税実施） 〜多くの自治体で増税分を還元する措置〜
1974年	昭和49年	生産緑地法制定
1975年	昭和50年	租税特別法改正（農地の相続税納税猶予制度創設） 〜20年営農継続等で免除〜
1975年	昭和50年	地方税法改正（A、B農地の減額制度、C農地は除外）
1978年	昭和53年	同上延長
1980年	昭和55年	農住組合法制定
1982年	昭和57年	地方税法改正（長期営農継続農地制度創設）
1985年	昭和60年	プラザ合意
1988年	昭和63年	「総合土地対策要綱」閣議決定
1991年	平成3年	地方税法改正（長期営農継続農地制度廃止） 〜三大都市圏特定市の宅地並み課税実施〜 生産緑地法改正 〜相続税納税猶予は生産緑地内・終身営農〜

3　平成3年の生産緑地法改正と宅地並み課税

　都市農地制度が完成される第2のエポックが平成3年の生産緑地法の改正と税制改正です。

　昭和60年代に入ると、住宅宅地需給の逼迫が進み、都市部を中心に地価が急激に高騰し大きな社会問題となったことから、昭和63年には「総合土地対策要綱」が閣議決定され、市街化区域内農地の宅地化促進が強力に進められることになったのです。

　国民の熱気が高まる中、NHKが「土地はだれのものか」という特集番組を組んだのも丁度このころです。

三大都市圏特定市の市街化区域においては、「保全する農地」と「宅地化する農地」を都市計画により区分し、保全する農地の受け皿として生産緑地を利用することになりました。

このため、これまでの生産緑地地区の規模要件が緩和され500㎡以上の一団の農地等になり、一方、買取申出までの期間は30年まで延長されるなど転用制限が強化されました。

それまでの第一種生産緑地（1ha以上）は10年、第二種生産緑地（区画整理等地区内、0.2ha以上）は5年で買取申出ができることとなっており、更に第二種生産緑地は10年で都市計画が失効することとなっていました。

図表1-21　平成3年の生産緑地制度の主な改正事項

種別	改正前		改正後
	第1種生産緑地地区	第2種生産緑地地区	生産緑地地区
対象地区要件	・概ね1ha以上 ・都市公園等と隣接して1haになる場合は、概ね0.2ha以上 ・公共施設用地に適していること等	・区画整理・開発行為に係る区域内 ・概ね0.2ha以上 ・区画整理等の区域面積の30％以下 ・公共施設用地に適していること等	・500㎡以上 ・公共施設用地に適していること等
買取申出	・指定から10年経過後、又は主たる従事者の死亡等	・指定から5年経過後、又は主たる従事者の死亡等	・指定から30年経過後、又は主たる従事者の死亡等
都市計画の有効期限	―	・10年間、ただし1回に限り10年間延長可能	―

また、税制もこれに合わせて大きく変わりました。

まず、固定資産税について「長期営農継続農地制度」が廃止され、三大都市圏特定市の市街化区域内では、生産緑地以外の農地の固定資産税は宅地並み課税が実施されると共に、それまで農地一般に認められていた相続税の納税猶予も廃止されました。

生産緑地では、固定資産税は農地並みとなりますが、相続税納税猶予については、一般農地が20年営農継続で猶予が免除されるのに対し、

より厳しい、「終身営農」が条件となりました。

なお、生産緑地の買取制度は維持されましたが、対象地区要件に公共施設用地としての適性があることからわかるように、この仕組は、先に述べた公共施設の管理を命題とする建設行政の枠組みの中で構築された、道路等の都市計画施設の区域における建築制限に擬したものと見ることができます。

他の都市計画施設のように、市町村長は、原則として申し出のあった農地を買い取ることとなっていますが、現実には、財源確保等の問題もあり、ほとんどの場合、買い取らないことを通知し、それをもって制限が解除されることとなっており、制度の欠陥を指摘する声もあります。

図表1-22　平成3年の都市農地制度

地域区分	三大都市圏特定市の市街化区域内農地		その他の市街化区域内農地	市街化区域以外の農地	
	宅地化農地	生産緑地		農振地域外	農振地域内
都市計画制限	特になし	30年建築制限	特になし	市街化調整区域は開発規制	
農地法制限	権利移動は規制 農地転用は届出で可			権利移動規制 農地転用は知事許可制（原則）	
経営基盤強化促進事業	実施できない （生産緑地はH21までは実施できた）			実施できる	
農水省補助	原則なし 例外：災害復旧、既存施設の軽微な回収等				農用地の経営基盤強化 集落等の生活環境整備
固定資産税	宅地並み評価 宅地並み課税	農地評価 農地課税	宅地並み評価 農地に準じた課税	農地評価 農地課税	
相続税納税猶予	相続税納税猶予なし	終身営農で免除	20年営農で免除	終身営農で免除 （H21までは20年営農で免除）	
同上、貸借への適用	—	適用なし		経営基盤強化促進法等に基づく特定貸付は適用 （利用権設定、集落円滑化事業、農地中間管理事業）	

19　生産緑地の指定状況

問 平成3年の制度改正を受け、生産緑地指定はどのように進められたのですか。その後、現在までの農地面積の推移と都市圏や都府県による違いも教えてください。

答

1　平成4年の生産緑地指定

　　生産緑地法の改正を受け、平成3年9月に建設省都市局長と農林水産省経営局長等の通達により、三大都市圏特定市における宅地化する農地（宅地化農地＝特定市街化区域農地）と保全する農地（生産緑地）の区分作業について、平成4年末までに作業を完了させるとの方針が示され、手続きが進められました（現在特定市で生産緑地指定がないのは三重県いなべ市のみ）。

　そのため、現在の生産緑地の8割以上が平成4年に指定されたものとなっています。

　昭和43年に線引き制度がスタートした当初、全国の市街化区域の面積の2割以上、約30万ha含まれていた農地は、新都市計画法の下、宅地化が進められ、徐々に減少しましたが、依然として少なからぬ量の農地が存在していました（平成5年の数値で14.3万ha）。

　しかし、平成4年の区分作業の結果、特定市では、当時の4万8千haの市街化区域農地のうち、生産緑地に指定された約1万5千ha（31.1％）を除く、残りの約3万3千haが宅地化農地として宅地化のスピードアップが図られることとなったのです。

2　全国の市街化区域農地は50％減、特定市の宅地化農地は64％減

　その後の推移を見ますと、全国の市街化区域内農地は、平成28年時点で約7.2万ha、平成5年の14.3万haから50％減少しています。

第1部 都市農地の入門編

図表1-23 市街化区域内農地面積の推移

(グラフ：市街化区域内農地面積 H5:143,258ha → H28:71,723ha、生産緑地地区面積 H5:15,164ha → H28:13,188ha)

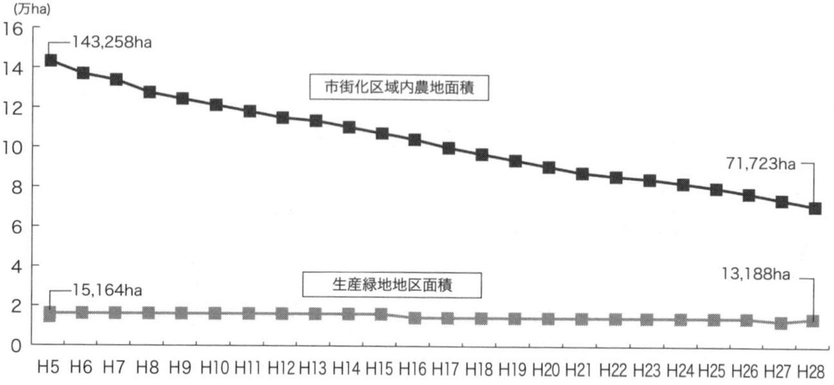

出典：農林水産省「都市農業を巡る情勢」H30.5

　そのうち、宅地化施策の重点地域だった三大都市圏特定市では、平成28年時点で宅地化農地は約1.2万haとなっており、平成4年の約3万3千haに比べると2.1万ha、64％が減少しています。一方、生産緑地は約1.5万haから約1.3万haとほぼ横ばいとなっています。
　数字上は、平成3年の改正で目指したとおりの結果になっているということができます。

図表1-24 三大都市圏特定市における市街化区域内農地面積の推移

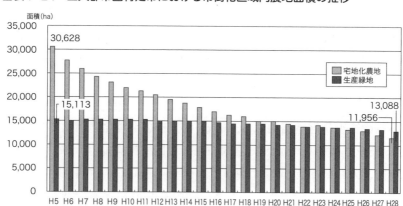

出典：国土交通省土地情報ライブラリー

3 都市圏や都府県による違い

　平成4年当初の市街化区域の中での生産緑地指定の割合は、三大都市圏により大きな開きがあり、一番指定割合が高いのが近畿圏（40.2％）、次いで首都圏（31.3％）、一番割合が低いのが中部圏で19.4％です。

図表1-25　平成4年の当初生産緑地指定率（三大都市圏特定市）

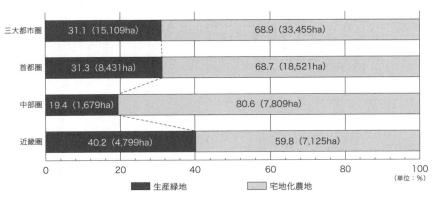

出典：国土交通省調べ

　その後の時間経過の中で、都市圏による違いは更に大きく異なってきています。

　首都圏や近畿圏では、宅地化農地の減少が急速に進み、今や生産緑地面積のほうが大きくなっているのに対し、中部圏では元々多かった宅地化農地がそれほど減少せず、今や生産緑地の2倍ほどの面積となっています。

図表1-26　首都圏

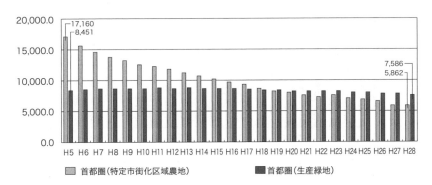

図表1-27　中部圏

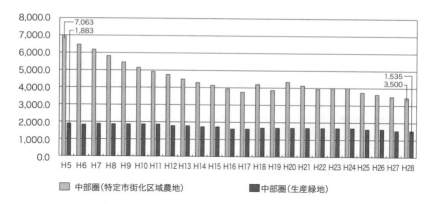

　都府県で比較するとこの傾向は更に明瞭になります。

　東京都と愛知県を比較すると、平成28年の東京都の宅地化農地面積は805haで生産緑地3,223haの25％。逆に愛知県では宅地化農地が2,473haで生産緑地1,126haの2倍以上となっています。

　都市農業振興基本法は、市町村が、それぞれのおかれている地域特性を踏まえた地方計画を策定するよう、その努力を義務付けていますが、地方計画は、こうした都市圏等による様々な違いを反映したものとすることが大切です（問30参照）。

図表1-28　東京都

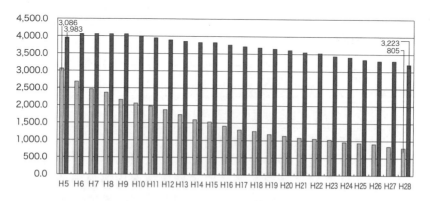

図表1-29　愛知県

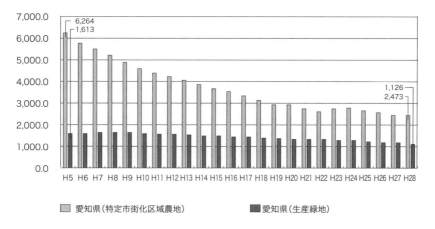

20 残っている農地の特性

問 現在の都市農地制度となってから既に20数年が経過し、残っているのは宅地化が難しい農地が多いと思いますが、実態はどうなのでしょうか。また、残っている農地の所在する用途地域、道路条件など分かる範囲で教えてください。

答 平成4年の生産緑地当初指定の後、生産緑地以外の市街化区域内農地については総じて宅地化が容易な土地から順次宅地化が進展し、立地や道路条件など、開発・建築の難しい土地が残されていると考えられます。

他方、生産緑地については、指定当初、どのような土地を生産緑地にしたのかは、農家の考えによるところが多く、残っている農地が必ずしも立地条件が劣る土地とは限りません。

1 首都圏では一低専が多く、近畿圏では一住が多い

国土交通省が平成21年に、三大都市圏特定市を対象として、残されている市街化区域内農地（生産緑地と宅地化農地の区分なし）の実態を調べたことがあります。

これによると、用途地域は、都市圏によって大きな違いがあり、首都圏では第1種低層住居専用地域が圧倒的に多くなっていますが、中部圏や近畿圏ではそれ以外の第1種住居地域や第1種中高層専用住居地域などが多くなっています。

Ⅳ 平成3年の制度改正

図表1–30　用途地域別累計農地集計

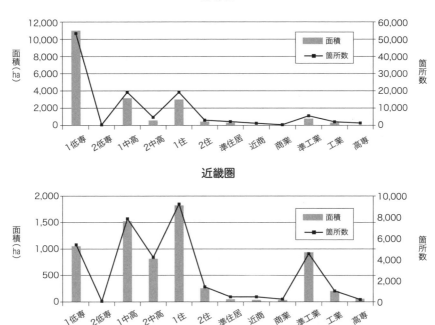

残された農地（一団の）の面積についても、首都圏に比べ中部圏では小規模農地が多くなっているのがわかります。

図表1–31　一団の農地の面積別累計面積・箇所数

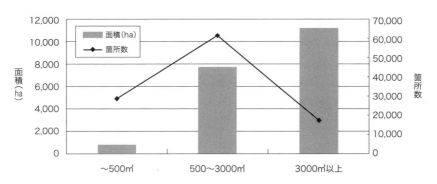

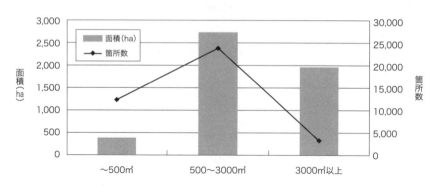

2 残っている農地は開発の難しい土地が多い

次の図は三大都市圏全体の市街化区域内農地を、接道条件、立地利便性、用途地域などの指標を用いて宅地利用の容易さを表す分級に分けたものです（Ⅰが開発しやすく、Ⅴが最も難しいことを示しています。「要面整備」は開発に当たって区画整理等が必要になるものです。）。

これによると、面積、箇所数とも、ⅠとⅡは割合が少なく、Ⅲ、Ⅳ、

図表1–32　都市的土地利用類型化結果

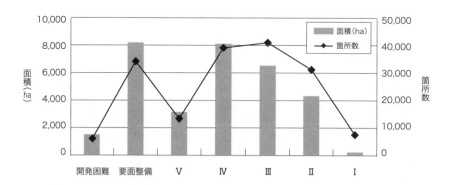

要面整備という、宅地利用が容易ではないものの割合が大変多くなっていることがわかります。

下図は埼玉県A市でのGISによる図上解析の結果ですが、各都市での賦存する都市農地の状況は、こうしたデータを元に、具体的に考察する必要があります。

図表1-33 GIS図上解析

V 市民農園について

21 市民農園と農地法

問 農家以外の一般市民が農地を利用するための農地法の特例的な方法はないのですか。また、近年、都市内で農地を利用した市民農園が増えてきていますが、農地法の原則との関係はどうなっているのですか。

答 農地を利用するための売買や貸借を行うには、農地法第3条の許可が必要となり、一般市民等が要件を満たすことは大変難しくなっています（問11）。

しかし、社会的なニーズを踏まえ、都市住民のレクリエーション等に利用できるよう、農地法の特例法などが設けられています。

1 農業者の経営の下での農園利用方式

市民の間でレクリエーションとしての農園へのニーズが高まったことから、昭和50年代に農林水産省が推進したのが、農地法上の権利設定や移動を行うことなく農地を利用できる方法としての「農園利用方式」です。

東京では「農業体験農園」、横浜では「栽培収穫体験ファーム」など地域によって呼称が違うこともありますが、都市農家による農業経営の一形態として考えられたもので、農地に市民利用者を受け入れ、農家の指導の下に栽培収穫体験をしてもらい、市民利用者は「入園料」と収穫される農作物の購入代金を農家に支払うというものです。

この方法だと、農地の貸借など権利に関係する問題は発生せず、また、農作物も農家に帰属しますので農家の農業経営が継続されているということになり、相続税の納税猶予措置が打ち切られることもありません。

2　一般的な市民農園

「農園利用方式」も広義の市民農園の一つですが、次に取り上げるのは、狭義の市民農園、すなわち農地に関し一定の借地権の設定を伴う市民農園です。

この方式は、平成元年に農地法の特例として制定された「特定農地の貸付けに関する農地法等の特例に関する法律」（以下、特定農地貸付法という）に依っています。

近年、国民の余暇の増大や価値観の多様化に伴い、より安定的、主体的な形態での市民による農地利用を求める声が高まってきたことが背景となっています。

地方公共団体やJAが市民農園を開設する目的で農家から農地を借り、細分化した小区画の農地を市民に転貸借（特定農地貸付）するというのが基本の形です。

この特定農地貸付を農業委員会に申請し、その承認が得られれば、農地法第3条の権利移動の許可は適用除外とされ、農地法第16条から18条等の耕作者保護の規定も適用除外されることとなります。

この特定農地貸付は、市民のレクリエーションとしての利用に限定して、農地法の例外を定めたものですから、次のような要件を満たすことが必要です。

① 細分化された小区画の面積が10アール未満であること
② 相当数の者を対象として定型的な条件で行われる貸付であること
③ 営利を目的としない農作物の栽培の用に供されること
④ 5年を超えない貸付であること

なお、農作物は自家消費が原則ですが、農林水産省の指導方針では余剰の生産物を販売することはできるとされています。

近年は、法改正により、地方公共団体やJAに代わって農地を所有していない企業やNPO法人等が市民農園を開設することが認められ、農家自らが市民農園を開設することもできるようになりました。（市町村等との貸付協定を締結する必要があります。）

企業やNPO法人等の場合、農家から直接借りることはできず、一旦自治体等が農家から借地し、その農地を借り受ける（対象農地貸付）という手順が必要でしたが、今般の都市農地の貸借の円滑化に関する法律により、生産緑地地区内の農地については「特定都市農地貸付け」として農家から直接借地することができることとなりました。

3　日本型のクラインガルテン

市民農園は、イギリスの産業革命期に誕生したアロットメントガーデンがその始まりとされていますが、その後1800年代前半にドイツに渡り、クラインガルテンとして普及し、現在はヨーロッパ全体に広がっています。

市民農園は各国による形態の違いはありますが、わが国の市民農園との違いとして、まず、元々の土地が農地ではなく未利用の宅地であること、1区画が300㎡前後と広くなっていること、契約期間が25年〜50年と極めて長期であること、敷地の中に利用者が休憩できる建物（ドイツでは「ラウベ」と呼ばれます。）が存在していることが挙げられます。

特定農地貸付法が制定された翌年（平成2年）に休憩施設や駐車場等を備えたヨーロッパ型の市民農園を整備することを目的に、市民農園整備促進法が制定されました。

この法律は、市民農園として先の「農園利用方式」と「特定農地貸付け方式」の双方を位置づけ、農園に付随する休憩施設や駐車場等の建設について、農地法（農地転用許可）及び都市計画法（市街化調整区域での開発許可）の特例を定めたものです。

4　その他、農地法第3条第3項による貸借

平成21年の農地法改正により、それまでの特定法人貸付事業を農地法に位置づけ、一般の企業等が農地を貸借できるように作られた制度です。

転貸はできませんので、市民農園的な利用はできませんが、福祉農園、体験農園などの方法により一般市民が農に携わることは可能と思われ

ます。
　農地の貸借について次の要件を満たす時には、農地法第3条の許可要件のうち、個人については農作業常時従事要件、法人については農地所有適格法人要件が適用除外となります。
　① 農地等を適正に利用していない場合に貸借を解除する旨の契約条件が付いていること
　② 地域の他の農業者との適切な役割分担の下に継続的、安定的農業経営が見込まれること
　③ 法人にあっては、業務執行役員等のうち1人以上が農業に常時従事していること
　なお、許可要件のうち、下限規模要件は外れませんので、一般の市民には難しいと思いますが、企業やNPO法人等の団体での活用は可能と思われます。
　今般の都市農地の貸借の円滑化に関する法律により、生産緑地地区内の農地については、市町村長の事業計画認定を受けることにより下限面積要件も適用除外となりますので、一般市民や企業、NPO法人等の農地活用の門は更に大きく拡げられることとなります。

　特定農地貸付法及び市民農園整備促進法による市民農園の開設状況について農水省の資料では、表に示すように、全国で4,223か所、約18万8千区画で1,371haとなっています。
　この中には1の農園利用方式が含まれていませんが、東京都の資料では、全体の90.6haの内、25.2haで、全体の約3割を占めていることが分かります。
　いずれにしても、ドイツのクラインガルテンが約4万haあるといわれているのに比べれば我が国の市民農園は大変少ないと言わざるを得ません。

第1部 都市農地の入門編

図表1-34 日本の農地制度と市民農園

```
┌─────────────────────────────────────────────┐
│ 農地を所有、貸借して利用できるのは原則として農業者＝農地法 │
└─────────────────────────────────────────────┘
                    ↓ 例外として

┌─────────────────────────────────────────────┐
│              市民農園(広義)                    │
│ 市民が趣味・レクリエーションの手段として小区画   │
│ の農地を菜園として利用する。                    │
└─────────────────────────────────────────────┘
         ↓                        ↓
┌──────────────────────┐  ┌──────────────────────┐
│  市民農園(狭義)        │  │ 体験農園・入園方式     │
│ 公共団体が農家から農地を借りて │  │ 農家が経営(栽培計画、資材等用意)。│
│ 小区画に分割し、市民に転貸借 │  │ 市民が農家の指導の下、農作業を体験し、収 │
│ (特定農地貸付法の承認)  │  │ 穫物を農家から購入    │
│                      │  │ (農地法の範囲)        │
└──────────────────────┘  └──────────────────────┘
              ┌──────────────────┐
              │ 滞留施設付        │
              │ 「クラインガルテン」│
              │ (市民農園整備促進法の認定) │
              └──────────────────┘
```

図表1-35 全国の市民農園

農園数	4,223 農園	(前年度　4,223：増減0、前年度比 ±0%)
区画数	188,158 区画	(前年度　189,895：1,737区画減、前年度比 −1%)
面積	1,371ha	(前年度　1,381　：10ha減、前年度比 −1%)

農園数

	特定農地貸付法	市民農園整備促進法	イ	ロ	計
地方公共団体	1,999	261	261	0	2,260 (54%)
農業協同組合	485	41	41	0	526 (13%)
農業者	913	195	30	165	1,108 (26%)
企業・NPO等	310	19	19	0	329 (8%)
計	3,707 (88%)	516 (12%)	351 (8%)	165 (4%)	4,223 (100%)

※イは特定農地貸付方式、ロは農園利用方式
出典：農林水産省ホームページ（H29.3現在）

V 市民農園について

図表1-36 開設種別農園数（東京都H28.3）

区分	特定農地法		市民農園法		農園利用方式		合計	
	箇所	面積ha	箇所	面積ha	箇所	面積ha	箇所	面積ha
自治体	364	49.9	16	6.3			380	56.2
JA	12	1.7	1	0.3			13	2
NPO	9	0.9					9	0.9
農家（貸付）	42	6.1					42	6.1
農家（農園）					107	25.2	107	25.2
合計	427	58.6 (65%)	17	6.6 (7%)	107	25.2 (28%)	551	90.4 (100%)

出典：東京都農業振興事務所調査結果

22　生産緑地での市民農園開設の制約

問　現在の市民農園は、ほとんどが生産緑地の指定を受けていない農地（宅地化農地等）で、私たちの周りにある多くの生産緑地が市民農園になっていないのはどのような理由によるのですか。

答　練馬区の「市民農園」のように生産緑地を特定農地貸付法を用いて市民農園にしている例外的な事例はありますが、次の表（東京都の市民農園開設状況）が示すように、現在の市民農園（農園利用方式を除く）は生産緑地以外の農地、すなわち、市街化区域内の生産緑地以外の農地（三大都市圏特定市では「宅地化農地」と呼ばれます。）と市街化調整区域内の農地で開設されているものがほとんどです。

図表1-37　平成29年3月末現在の東京都の市民農園（農園利用方式を除く）開設状況

区分	農園数	全体面積（㎡）
都市計画区域内	441	620,060
市街化区域	407	547,429
うち生産緑地	35	58,609
市街化調整区域	33	72,041
非線引き	1	590
都市計画区域外	2	25,802
合　　計	443	645,862

出典：東京都農業振興事務所調べ

その理由は2つあると考えられます。

1　相続税の納税猶予

1つは、都市農地の税制にあります。

問1でお話したように、三大都市圏特定市では、生産緑地である農地

だけは所定の要件に合致し、手続きをとれば相続税の納税猶予を受けることができることとなっています。
アンケート調査などによると、生産緑地を所有する農家の4割程度が相続税の納税猶予を受けていることがわかります。

　また、現在納税猶予を受けていなくても、今後発生する世代交代・相続の際にこの制度の適用を考えている農家は少なくないと思われます。

　ところが、これまでの制度の下では、納税猶予を受けている農地は、譲渡や貸付を行うと猶予が打ち切られ、猶予を受けていた相続税額に加えこれまでの猶予期間に係る利子税も支払わなくてはならなくなります。

　また、次の相続時に納税猶予を受けるためには死亡する時まで農業を営んでいなければなりませんが、この条件も満たすことができなくなってしまいます。

　このように、三大都市圏の特定市の生産緑地の場合、特定農地貸付法により市民農園としての貸付を行うことは、農家に多大な不利益をもたらすことになるのです。

2　生産緑地法の主たる従事者

　もうひとつの理由は、生産緑地法にあります。

　生産緑地に指定されると、指定後30年間は農地等として管理し、建築物の建築やそのための宅地造成等を行うことは制限されますが、30年経過後、又は、肥培管理を中心になって行っている者（「生産緑地に係る農林水産業の主たる従事者」と言います。）が死亡した場合は市町村長に対して買取の申出をすることができます。

　そして、市町村長が3ヶ月以内にこの申出に応じることができない場合は、生産緑地にかけられていた規制は解除され、相続人は農地転用の届出を行えば宅地とし自由に利用、処分することができるようになるのです。

　世代交代時に、相続税の納税猶予の適用による農地維持ではなく宅地

化して譲渡すること等を考えている農家の場合、30年を待たずに規制が解除できるこの仕組は大切です。

しかし、特定農地貸付法により農地を貸してしまうと、土地所有者である農家は「農林水産業の主たる従事者」としての資格を失ってしまい、相続人がその死亡を理由に買取の申出をすることができなくなるのです。

都市農地の貸借の円滑化に関する法律では、生産緑地について、企業やNPO等が特定農地貸付を行う際の手続きを簡略化する「特定都市農地貸付け」制度が創設されましたが、合わせて、生産緑地で農家が特定農地貸付又は「特定都市農地貸付け」のために農地を貸出しても、相続税の納税猶予制度が適用される税制改正が行われました。

また、生産緑地法上も、市民農園のため農地を貸し付けても、一定の要件を満たせば、「農林水産業の主たる従事者」と見なされるよう、施行規則の改正が行われました。

今後は多くの生産緑地が市民農園として利用されるようになることが期待されます。

Ⅵ 基本法と新制度

23　都市農業振興基本法

問 平成27年4月に制定された都市農業振興基本法の内容とその意義、法制定の背景と経緯について教えてください。

答

1　法律の内容

平成27年4月に制定された都市農業振興基本法は、第1条（目的）で、この法律の目的が都市農業振興の基本理念、その実現のための基本事項及び国、地方公共団体の責務等を明らかにすることであることを述べており、図表1-38に示すように、施策推進の三つのエンジンと国等が講ずべき基本的施策から構成されています。

2　法律制定の意義

都市農業振興基本法は、第3条（基本理念）で、都市農業の果たしている多様な機能が将来にわたって発揮されるよう、また、都市農地が有効に活用、保全されるように、都市農業の振興を図るべきことを定め、更に、都市農業振興基本計画策定など、その理念を実現する手順と講ずべき施策の骨子を示しています。

これは、昭和43年以来続いてきた都市農地制度を大きく転換する画期的な内容といえます。

近年の社会情勢の変化を受け、平成23年の国土交通省の住生活基本計画（平成18年からそれまでの住宅建設5か年計画を改組）では、「市街化区域内農地については、市街地内の貴重な緑地資源であることを十分に認識し、保全を視野に入れ…」と述べられ、また、平成22年の農林水産省の食料・農業・農村基本計画の中でも「都市農業を守り、持続可能な振興を図るための取組を推進する。」「このため、これまでの都市農地の保全や都市農業の振興に関連する制度の見直しを検討する。」と

図表1-38　都市農業振興基本法の概要

目的

基本理念等を定めることにより、
都市農業の振興に関する施策を総合的かつ計画的に推進

① 都市農業の安定的な継続
② 都市農業の有する機能の適切・十分な発揮→良好な都市環境の形成

都市農業の定義

市街地及びその周辺の地域において行われる農業

施策推進のための三つのエンジン

基本理念	国・地方公共団体の責務等	都市農業振興基本計画等
◆都市農業の有する機能の適切・十分な発揮とこれによる都市の農地の有効活用・適正保全 ◆人口減少社会等を踏まえた良好な市街地形成における農との共存 ◆都市住民をはじめとする国民の都市農業の有する機能等の理解	◆国・地方公共団体の施策の策定及び実施の責務 ◆都市農業を営む者・農業団体の基本理念の実現に取り組む努力 ◆国、地方公共団体、都市農業を営む者等の相互連携・協力 ◆必要な法制上・財政上・税制上・金融上の措置	◆政府は、都市農業振興基本計画を策定し、公表 ◆地方公共団体は、都市農業振興基本計画を基本として地方計画を策定し、公表

国等が講ずべき基本的施策

① 農産物供給機能の向上、担い手の育成・確保
② 防災、良好な景観の形成、国土・環境保全等の機能の発揮
③ 的確な土地利用計画策定等のための施策
④ 都市農業のための利用が継続される土地に関する税制上の措置
⑤ 農産物の地元における消費の促進
⑥ 農作業を体験することができる環境の整備
⑦ 学校教育における農作業の体験の機会の充実
⑧ 国民の理解と関心の増進
⑨ 都市住民による農業に関する知識・技術の習得の促進
⑩ 調査研究の推進

されるなど、国の姿勢は、都市農地保全と都市農業振興に向け徐々に変わり始めていました。

しかし、都市農地の保全、利用を現実に規制・コントロールする都市計画法、生産緑地法、農地法や関連税制は何ら変わっておらず、都市農業が農林水産省の農業施策の対象から外れていることもそのままでした。

ここに、各省庁にまたがる「基本法」という形で大きな楔がうち込まれたことになるのです。

3　背景と経緯

都市農業振興基本法制定の背景として、都市農業に対する都市住民の世論の変化、即ち、食への安全意識の高まり、ゆとりや潤いを求めるライフスタイル・価値観の広がり、東日本大震災後の防災意識の高まりと農地の防災上の役割の見直し等が挙げられます。

その上で、農業政策上、都市農業の役割が再評価され、厳しい状況にある農業・農村への理解を深めるPR拠点として位置づけられました。また、都市政策上も、都市農地の役割が再評価され、焦眉の課題であるコンパクトシティの実現にとって有用であり、今までのような暫定的なものではなく、将来に向け「あって当たり前のもの」と位置づけ直されたことが基本法制定に繋がったと言えます。

法制定は、議員立法という形をとっていますが、それに先立ち、国土交通省と農林水産省の連携による共通認識の形成という取組があったことが注目されます。

国土交通省は社会資本整備審議会都市計画部会を通じて平成17年頃から10年以上の検討を進め、農林水産省はこうした動きを見定め、国土交通省の参加を得て平成23年〜24年に「都市農業の振興に関する検討会」を設け検討を行いました。

それぞれ、平成24年に中間とりまとめを行い公表しましたが、それが法案づくりのベースとなっています。

図表1-39　基本法制定の経緯

	国土交通省	農林水産省	JAグループ
民主党政権	**住生活基本計画 H23.3** （市街化区域内農地について）保全を視野にいれ農住調和のまちづくり		
	都市計画部会 課題と方向検討小委員会 H21.6 ・エコ・コンパクトシティ ・農との共生	**食料・農業・農村基本計画 H22.3** ・食料自給率50%目標 ・都市農地・農業制度見直し	
	都市計画部会 都市計画制度小委員会 H23.2 ・都市農地は必然性のある安定的土地利用へ ・市街化区域概念見直し ・農業政策と再結合		
	都市計画部会 都市計画制度小委員会 H24.9 ・都市と緑農の共生 ・都市住民にとり重要性のある農地をセレクト	**都市農業の振興に関する検討会 H24.8** ・国民理解の醸成 ・意欲ある農業者等支援 ・自治体への働きかけ	都市農業振興・都市農地保全に向けたJAグループの基本的考え方 H24.7
	計画的な緑地環境形成実証調査（H25〜） ⇔ **農ある暮らしづくり交付金（H25〜）** 連携	**農林水産業・地域の活力創造プラン H25.12** ・攻めの農政 ・10年間で所得倍増	JA全中 都市農業対策推進室設置 H26.4
	都市と緑・農の共生するまちづくり調査（H27〜）	**新基本計画 H27.3** ・食料自給率45% ・都市農地・農業制度見直し	
自民党	自民党 都市農業研究会 H22.3	都市農業・農地基本法案たたき台 H25.1	自民党 都市農業勉強会 H26.2	都市農業振興基本法 制定 H27.4	都市農業振興基本計画 決定 H28.5

24　都市農業振興基本計画

問 基本法制定の翌年に閣議決定された都市農業振興基本計画の内容を教えてください。

答 都市農業振興基本計画は、都市農業振興基本法の規定に従い、法制定の翌年、平成28年5月に閣議決定されました。

その内容は、図表1–40に示す通り、基本法第9条第2項に定められた3項目からなっています。

1　都市農業の振興に関する施策についての基本的な方針

都市農業を巡る社会経済情勢の変化と都市農業が発揮する多様な機能を踏まえ、農業政策における（都市農業の）再評価及び都市政策における（都市農業の）再評価を行い、それに立脚した、都市農業振興に関する新たな施策の方向性として、①都市農業の担い手の確保、②都市農業の用に供する土地の確保、③（都市における）農業振興施策の本格的展開を示しています。

そして、地方都市でも活用できる新たな都市農業振興制度を構築することにより都市農地の貸借を円滑化し、企業等が開設する市民農園についての手続きの簡素化を図るとともに、対象となる都市農地の土地利用規制を行うこと、固定資産税及び相続税について農業支援措置を講ずべきこととされています。

2　都市農業の振興に関し、政府が総合的かつ計画的に講ずべき施策

まず、都市農業の諸機能の内、「農作物を供給する機能」が最も重要かつ基本的な機能であるとし、その向上及び、担い手の育成・確保の方針を示すと共に、防災、良好な景観の形成並びに国土及び環境の保全等の機能の発揮の方針を示しています。

次に、土地利用に関し、都市計画の各種マスタープランや立地適正化

図表1−40　都市農業振興基本計画

(1) 都市農業の振興に関する施策についての基本方針

- 現況と課題

- 法の目的と都市農業振興の理念
  〈都市農業の多様な機能発揮〉〈都市農地の有効活用・保全〉
  〈農地と宅地等が共存する良好な市街地の形成〉

  - 農業政策における再評価
    都市農業は、農業や農業政策に対する国民的理解を醸成する身近なPR拠点としての役割が大きい等

  - 都市政策における再評価
    都市農地は都市の緑資源
    都市農業を都市産業と位置づけ
    都市農地を民有緑地と位置づけ

  都市農業に関する新たな施策の方向性

  | 担い手の確保 | 土地(農地)の確保 | 農業施策本格展開 |

  ※(新たな制度構築の)留意事項
  都市農地貸借の円滑化、企業等の市民農園開設手続き簡略化、施策の対象となる都市農地での土地利用規制、固定資産税・相続税による農業支援

(2) 都市農業の振興に関し、政府が計画的に講ずべき施策

- ○農作物を供給する機能の向上、担い手の育成・確保
- ○防災、良好な景観形成、国土・環境の保全機能の発揮
- ○的確な土地利用計画の策定
  （都市計画のマスタープランや立地適正化計画との連携、生産緑地制度活用）
  （新たな農地保全に係る土地利用計画制度の創設、関係税制の検討）
- ○農作物の地元での消費促進、農作業体験環境整備、学校教育における農作業体験の充実、国民の理解と関心の増進、都市住民の農業知識・技術の習得促進、調査研究の推進

(3) 都市農業の振興施策を推進するために必要な事項

関係各省等の連携、地方計画の策定

VI 基本法と新制度

計画との連携、生産緑地制度の活用について述べると共に、先の新たな都市農業振興制度に沿って新たな農地保全のための土地利用計画制度を創設し関連する税制を検討するとしています。

　その他、講ずべき施策として、農作物の地元での消費の促進、農作業を体験することができる環境の整備等、学校教育における農作業体験の機会の充実等、国民の理解と関心の増進、都市住民による農業に関する知識及び技術の習得の促進等、調査研究の推進について述べています。

第1部 都市農地の入門編

25 農地・農業の多面的機能

> **問** 基本法では「都市農業の有する多様な機能の適切かつ十分な発揮」が大切であるとされていますが、これまで取り組まれてきた「農地・農業の多面的機能」と比較した時、今回の「都市農業の有する多様な機能」の特長を教えてください。

答

1 農地・農業の多面的な機能とは何か？

　農地・農業の多様な役割、多面的な機能については、これまで様々な研究・調査、提言等の中で論じられてきていますが、特筆されるのは、平成12年に農林水産大臣が日本学術会議会長に対し「地球環境・人間生活に関わる農業及び林業の多面的な機能の評価について」の諮問を行い、これに対し日本学術会議が全領域の会員からなる特別委員会を設置して検討を重ね、翌年、答申を行っていることです。

　この答申は、日本の厳しい自然条件の中で培われた水田稲作を中心にした農業の姿や、地域の文化・芸能との結びつき等の洞察の上に立ってなされており、食料の安定供給や新鮮・安全な食料を生産する機能は農業の本来的機能として多面的機能の外に置かれていますが、農地・農業の多面的機能として取上げられているのは次のような機能です。

〈洪水防止機能〉〈土砂崩壊防止機能〉〈土砂流出防止機能〉〈河川流況安定・地下水涵養機能〉〈水質浄化機能〉〈有機性廃棄物分解機能〉〈待機調節機能〉〈生物多様性保全機能〉〈土地空間保全機能（日本的な原風景の保全等）〉〈地域社会を振興する機能（地域社会のアイデンティティ維持等）〉〈伝統文化を保存する機能〉〈人間性を回復する機能〉〈人間を教育する機能（命の尊さ、自然への畏怖・感謝等）〉

　この答申は、その後、農林水産省が多面的機能の観点から制度化した中山間地域等直接支払い等の取組や、平成26年に日本型直接支払いを

法制度化した「農業の有する多面的機能の発揮の促進に関する法律」制定の基礎となっており、答申と同様に、これらの法律では農業本来の機能は多面的機能の定義からは外されています。

日本型直接支払い制度は、水田稲作を中心にした農村地域において、地域での共同活動組織に水路、農道等の管理を支えてもらうことにより、本来の農業の担い手の負担を軽減することで担い手への集積を進める構造政策を後押しすると説明されています。

農産物を巡る国際貿易摩擦が激化する中で、国内の農業生産者への助成は貿易を歪曲するものとして批判されており、EUや米国等は、基盤整備等への直接支払いに移行しつつありますが、これまでの農地・農業の多面的機能を巡る動きはこうした国際的な流れに符合しているともいえます。

2 「都市農業の有する多様な機能」では農作物を供給する機能が最も重要

さて、都市農業振興基本法も第1条で「都市農業の有する機能の適切かつ十分な発揮を通じて良好な都市環境の形成に資することを目的とする。」と述べ、都市農業の様々な機能発揮を重視していますが、法文をよく読むと、この基本法で目指している「都市農業の有する機能」には、都市住民に地元産の新鮮な農作物を供給する機能が含まれていることがわかります。

更に、都市農業振興基本計画では、都市農業のもつ機能のうち、この「農作物を供給する機能」は最も重要かつ基本的な機能であることが強調されています。

これらのことから都市農業における「多様な機能」は、これまでの農地・農業の多面的機能と必ずしも同一の文脈で提起されているのではないことがわかります。

その理由は農業政策上の都市農業の位置づけを示している「農業政策における（都市農業の）再評価」を読むと明らかになります。

ここでは、農業政策を推進する上で農業や農業政策に対する国民の理解の醸成が不可欠であり、全人口の7割が集中している市街化区域内で営まれている都市農業を通じて農業の姿を知ってもらい、更に市民との交流等を進める中で、農業全般に対する理解を醸成する、いわば農業全体の「PR拠点」としての役割が期待されるとしているのです。

農林水産省が都市農業への取組姿勢を転換しようとした時、農業全体を考えた視点が求められているということを改めて読み取る必要があると思います。

なお、そのほかの防災の機能、良好な景観形成の機能及び国土・環境の保全の機能については、日本学術会議が示した多面的機能に対応するものと考えられます。

26 都市農業の多様な機能

問 都市農業の有する多様な機能とはどのようなものですか。

答

1 農作物を供給する機能

都市住民に地元産の新鮮な農作物を供給する機能で、都市農業の最も基本的な機能です。

その機能を発揮するためには生産された農作物の地元での消費を促進することが重要です。

2 防災の機能

災害時における延焼の防止や地震時における避難場所、仮設住宅建設用地等のための防災空間としての役割です。

基本計画では、都市農業を巡る社会経済情勢の変化として、平成23年3月に発生した東日本大震災がもたらした国民の防災意識の変化が述べられています。

東京都ではJAグループが間に入って多くの市町村と防災協力農地協定を締結していますが、農林水産省もそのための補助制度を設けるなど、その推進に力を入れています。

3 良好な景観の形成の機能

緑地空間や水辺空間を提供し、都市住民の生活に「やすらぎ」や「潤い」をもたらす機能で、農地だけでなく、それと一体となった水路網や屋敷林等の保全・活用も求められます。

東京都では独自の制度として

東京都日野市

「農の風景育成地区」を進めていますし、東京都下の日野市では「水都日野」をテーマに、市民も参加した農業用水路と水田の一体的保全のまちづくりに取組んでいます。

4 国土・環境の保全の機能

雨水の貯留・浸透、地下水の涵養、生物多様性の保全等に資する機能です。

河川の下流域の市街地などでは、内水氾濫への対応が求められる中、水田の湛水機能に注目している自治体も少なくありません。

生物多様性の保全については、生物多様性基本法と生物多様性国家戦略に基づき、多くの都道府県や政令市では既に生物多様性地域戦略を策定していますが、一般市でも徐々に拡大しており、その中に水田や農業用水路等を位置づけている事例も出てきています。

5 農作業体験・学習・交流の場を提供する機能

以下のような市民農園、福祉農園、学童農園などの活動の場を提供する機能です。

　イ　市民農園等

　　様々なタイプの市民農園（農園利用方式を含む）、観光農園（イチゴやブルーベリーのもぎ取り園、芋ほり園等）、地方公共団体が設置する農業公園

　ロ　高齢者、障害者、生活困窮者等の福祉を目的とする都市農業の活用

　　高齢者を対象とした福祉農園、農地を利用したデイ・リハビリ、居場所づくり、障害者の自立支援等のための農・福連携事業

東京都国分寺市

八　学校教育における農作業体験機会の提供

　学校が敷地内に設置するなどの方法で確保した学童農園での農作物栽培・収穫・調理等、農山漁村地域と連携した体験学習

　地域での伝統野菜の学習、体験を内容とした小学校での総合学習、地域運営学校等での親子での学習、栄養教諭を中心とした教師側の学習等の取組も行われています。

6　農業に対する理解の醸成の機能

　都市住民が日常的に触れるメディアや様々なイベント等を通じての広報活動や、農業祭やマルシェの開催等により、農業者と消費者である都市住民が直接交流する場作りにより農業への理解醸成が図られます。

27　農作物を供給する機能

問　基本計画では、都市農業の有する多様な機能のうち、最も重要かつ基本的な機能とされる「農作物を供給する機能」を発揮するためにはどのようなことが考えられているのですか。

答

1　担い手の育成・確保

　現在の都市農業の担い手の中心である農家経営を支援することが基本ですが、農家の高齢化に伴い後継者問題が深刻化していることを踏まえると、農地の貸借を通じ担い手を確保することが考えられるべきとしています。

　市町村やJAなどの公的機関が間に立ち、貸し手と借り手のマッチングを行うことが重要になりますが、その場合の安定的な借り手として、次のような主体が例示されています。

① 　営農実績を有する地域の農業者
② 　地元での食と農の連携の取組を通じ、農業参入に挑戦しようとする食品関連事業者
③ 　農作業体験をビジネス化することで農業参入しようとしている農業や食品関連以外の事業者（福祉や教育、IT関係のベンチャー企業等）

　なお、都市住民の営農ボランティアや地域コミュニティの維持・再生に取組む団体等の取組も担い手を補完するものとして位置づけられています。

　国は生産基盤施設への助成、都市住民と共生する農業に必要な防塵ネット等の整備支援、普及指導員を活用した技術等の指導、農村地域の農業者との交流促進などの取組を行うこととしています。

2　農産物の地元での消費の促進

　「農作物を供給する機能」を最大限発揮するためには、生産された農

作物の地元での消費を促進することが重要です。
　そのため、国としては以下のような取組を支援することとしています。
① 　直売所、処理加工施設、レストラン等の整備
② 　マルシェや既存施設の有効利用
③ 　都市農業者と食品事業者等の連携による6次産業化
④ 　直売所マップ等、地元産の農作物についての情報提供
⑤ 　学校給食での地元産の農作物の利用拡大
⑥ 　学校以外の公的施設、企業等での地元産の農作物の利用

28 実現した制度改正のポイント

問 基本計画で示された方針は、今回の制度改正でどのように実現されたのですか。また、制度をうまく機能させるための今後の課題について教えてください。

答

1 基本計画で示された方針

基本計画では、現在の課題を解決するための方向として、「都市農業の担い手の確保」、「都市農地の計画的な確保」、「農業施策の本格展開」を示し、これを実現する新たな都市農業振興制度を創設することとしました。

図表1–41 都市農業振興に関する新たな施策の方向性

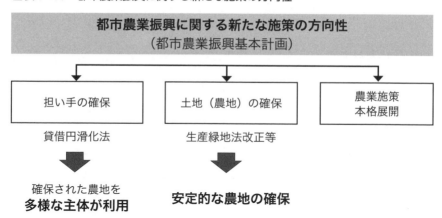

この新制度を構築する上での留意事項として、安定的に農地を確保するため、土地利用規制と農業継続支援税制を措置するほか、担い手確保の観点から貸借の円滑化や企業等による市民農園開設手続きの簡素化を図るべきことが示されています。

また、農地の確保については、生産緑地制度の小規模農地への適用や道連れ解除への対応策を講ずると共に、指定後30年のいわゆる2022年問題に対応し、地方都市でも活用可能な農地保全のための新たな土地利

用計画制度を検討することが提起されています。

また、それ以外で、講ずべき施策として、「農作物を供給する機能」について、農作物の地元での消費を促進するため直売所やレストラン等の開設を支援すること、「農作業体験・学習・交流の場を提供する機能」について、市民農園や福祉農園により農作業を体験できる環境を整備すること、学校教育における農作業体験機会の充実を図ること等の方針が示されています。

2　今回実現された法改正等と税制改正のポイント
(1)　都市農地の確保

都市農地の計画的な確保のために、生産緑地法が改正され、規模要件の緩和や特定生産緑地制度の創設が行われると共に都市計画法が改正され新しい用途地域として田園住居地域が創設されました。

特定生産緑地にはこれまでの生産緑地と同様の税制措置が講じられ、田園住居地域内の農地について新たに固定資産税の軽減と相続税の納税猶予措置が講じられることとなりました。

基本計画では、地方都市の市街化区域内農地や大都市の宅地化農地も対象とした農地保全のための新たな土地利用計画制度の創設が視野に入っていましたが、生産緑地制度等が充実したことから、これと別の新たな土地利用計画制度を創設することは見送られることとなりました。

したがって、地方都市の市街化区域内農地については、これまでの実績は少ないものの、できるだけ生産緑地制度の導入や田園住居地域制度で対応することとなりました。

また、都市計画運用指針が改正され、生産緑地の道連れ解除や追加指定、再指定について都市農地保全が進むよう措置されました。

(2)　担い手の確保

新たな都市農業振興制度として都市農業の担い手の確保のための「都市農地の貸借の円滑化に関する法律」が創設されました。

基本計画で述べられているように、都市農業の安定的な継続のために

は、多様な担い手の確保が求められておりますが、都市農地は土地価格が高いため、意欲ある都市農業者がこれを借りて活用することが重要です。

しかし、農地の賃貸借についてはいわゆる法定更新制度が適用され、また、相続税の納税猶予が適用されていないという問題があります。

この新しい法律の適用は生産緑地地区内の農地に限定されますが、そこで行われる所定の賃貸借等について市町村長による事業計画認定制度を創設し、認定を受けた賃貸借等について農地法の3条許可及び法定更新制度の適用を除外するとともに、相続税の納税猶予制度の適用対象とする措置を講じました。

(3) その他

生産緑地法が改正され、生産緑地地区の建築規制が緩和され、直売所やレストラン等の開設が可能となると共に、新たな用途地域として田園住居地域が創設され、低層住宅地の中でも農業生産、販売、加工、レストラン等を建築することが可能となりました。

また、「都市農地の貸借の円滑化に関する法律」の中で、企業やNPO等による市民農園の開設の手続きを簡略化する措置が講じられ、合わせて、従来の特定農地貸付法による市民農園開設も含め相続税の納税猶予の適用対象とされることとなりました。

3 今後の課題

改正された制度をうまく機能させるためには、以下のような課題があります。

(1) 制度の周知と、特定生産緑地への移行促進

農地所有者等に新しい制度についての周知を図り、特に現在の生産緑地について、2022年の期限切れまでに、特定生産緑地への移行を進めるための国や地方公共団体等の積極的な取組が重要です。

(2) 生産緑地での貸借の推進（地方公共団体、農業委員会、JA）

価格の高い土地での貸借が円滑に進むためには、農業委員会やJA

等の公的機関によるマッチングの取組が鍵となります。
(3) 民間企業等による新しいビジネスモデル
生産緑地の規制緩和を利用して農産物加工、直売、レストラン等を取り入れ、より生産性の高いビジネスモデルを構築すると共に、高齢者・障害者福祉と連携した農地活用が期待されます。
(4) 多様な形態の市民農園の拡大
民間の高付加価値型市民農園や、企業・団体が利用するコミュニティ農園など、これまでにない多様な形態の市民農園が数多く実現する可能性があります。
(5) 地方都市での都市農地保全
地方都市での都市農地保全に当っては、生産緑地制度の導入を基本としつつ、今後に残された制度的な課題にもつながりますが、それぞれの地域特性を踏まえた現実的な対応が必要とされます。

29　一般市町村と生産緑地

問 特定市以外の一般市町村では市街化区域内農地に対する税制はどのようになっているのですか。また、一般市町村でも生産緑地制度を利用することはできるのですか。

答

1　一般市町村の市街化区域内農地の税制

　三大都市圏特定市以外の市町村にある市街化区域内農地の固定資産税の課税は、平成3年改正により宅地並みに課税された特定市の市街化区域内農地と異なり、評価は宅地並み評価ですが、実際の課税は農地の課税に適用されている負担調整措置を準用することとなっています（宅地並み評価・農地に準じた課税）。

　また、相続税の納税猶予措置についても平成3年改正により生産緑地を除き不適用とされた特定市の市街化区域内農地と異なり、不適用とされませんでしたので、平成3年以前からの猶予措置（営農継続条件20年）がそのまま継続されています。

　これは、営農継続要件が終身となっている特定市の生産緑地に比べると大変緩い条件といえます（市街化調整区域内等の一般農地についても、平成21年の農地法改正の際に、営農継続条件はそれまでの20年継続からを生産緑地と同様に終身に変わっています。）。今回の税制改正は生産緑地と田園住居地域に関するものでしたので、こうした一般市町村の市街化区域内農地の税制は基本的にこれまでと変わっていません（一般市町村の生産緑地に係る相続税納税猶予の営農継続条件が20年から終身に変わりました）。

2　一般市町村での固定資産税負担の増加

　農地に準じた緩やかな負担調整率を適用している固定資産税の課税標準額も、時間の経過する中で評価額（地方税法本則）に近いものとなってきています。

図表1-42は、平成24年に市制施行に伴い特定市になった愛知県長久手市が農家向けに解説した資料ですが、農地に準じた負担調整で緩やかに上昇してきた一般市町村の市街化区域農地の税額も、長い年数が経過する中で、宅地並み税額の水準に近づいていることがわかります。とりわけ、三大都市圏周辺やその他の大都市周辺のように、地価の高い地域の農家の場合、固定資産税の負担増大が大きな問題となってきています。

図表1-42　固定資産税負担の増加

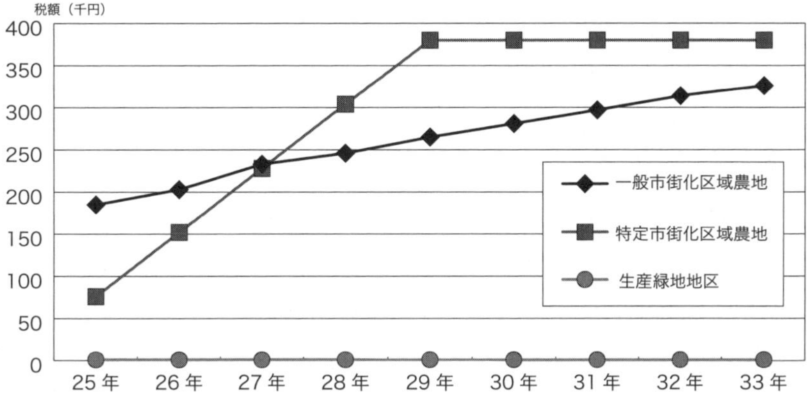

税額（千円）

凡例：一般市街化区域農地／特定市街化区域農地／生産緑地地区

出典：長久手市ホームページ「固定資産税・都市計画税の税額の試算」

3　一般市町村でも生産緑地制度を利用できる

もちろん、一般市町村でも生産緑地制度を導入し、市街化区域内で生産緑地を指定することができますし、指定された生産緑地では都市農地の貸借の円滑化に関する法律と、これに伴う税制を活用することができます。

一般市町村において、農家の負担を軽減することにより市街化区域内の農地を保全し、コンパクトなまちづくりを進めるためには、これまで以上にその生産緑地制度活用の必要性が高まっているといえます。

国土交通省も都市計画運用指針において、「三大都市圏の特定市以外

の都市においても、本制度の趣旨や、コンパクトなまちづくりを進める上で市街化区域農地を保全する必要性が高まっていることを踏まえ、新たに生産緑地を定めることが望ましい」としていますが、これまでは、その実例は和歌山市など、大都市周辺の都市を中心に、10市町村、約110haにとどまっています。

その理由に挙げられるのは、農家側から要望が出にくいという事情です。

農家にとって生産緑地制度は、税制上の優遇、即ち、固定資産税が低減されることと相続税の納税猶予が受けられることが大きなメリットとなっていますが、土地の評価額の低い地方の都市の場合は、その必要性が乏しいという事情がありますし、生産緑地にしなくても相続税の納税猶予（しかも営農継続20年という緩い条件）が受けられることも大きいと考えられます。

また、要望をまとめるに当って、厳しく宅地化が規制されている市街化調整区域の農家とのバランスを考えざるを得ないという農家間の調整の問題や生産緑地制度の導入による固定資産税収の減少という地方公共団体の財政問題もあります。

法律に基づく制度である生産緑地地区指定に伴う固定資産税の減収に対しては、地方交付税制度の標準的税収見込み額に反映されるため、普通交付税として概ね減収分の75％が補填されることとなっています（交付税の不交付団体はこの補填の仕組みは働きません。）が、税収が減少することへの抵抗感は少なくありません。

新しく創設された、都市農地の貸借の円滑化に関する法律により生産緑地に認められることとなる農地貸借円滑化措置のメリットを重ね合わすと、一般市町村での生産緑地制度の導入に向け、これまで以上に、関係者の積極的な取り組みが期待されるところです。

30　地方公共団体の課題

問 基本法では、都市農業の振興、都市農地の保全が国や地方公共団体の責務とされていますが、実際の取り組みについて、特に市町村により温度差があると聞きます。その実態と考えられる理由を教えてください。

答

1　地方公共団体による取組の温度差

(1)　生産緑地の追加指定

表に示すのは、都府県別、特定市の生産緑地追加指定の実施状況です。

宅地化すべき農地と保全すべき農地（生産緑地）の区分は平成4年末で基本的には終了しているとされていましたが、状況変化の中で近年、生産緑地の追加指定を行う地方公共団体が徐々に増えています。（今回の生産緑地法改正に合わせ、国の都市計画運用指針が改定され、追加指定の実施を検討すべきであるとされました。）

しかし、図表1-43に見るように東京都や大阪府では、多くの特定市

図表1-43　道府県別、追加指定の実施状況

都府県名	追加指定を行っていない団体数 (A)	回収団体数 (B)	追加指定を行っていない割合 (C=A/B)
茨城県	3	3	100.0%
埼玉県	22	28	78.6%
千葉県	14	16	87.5%
東京都	12	34	35.3%
神奈川県	11	18	61.1%
首都圏	62	101	61.4%
静岡県	1	2	50.0%
愛知県	23	27	85.2%
三重県	2	3	66.7%
中部圏	26	32	81.3%
京都府	6	7	85.7%
大阪府	10	26	38.5%
兵庫県	4	8	50.0%
奈良県	7	10	70.0%
近畿圏	27	51	52.9%
総計	115	184	62.5%

出典：JA全中「市街化区域内農地等に関する地方公共団体アンケート調査結果（平成29年3月）」

第1部 都市農地の入門編

が追加指定を実施している一方、中部圏などでは実施していない団体の割合が極めて高くなっています。

(2) 地方計画の策定状況

基本法に基づく地方計画の策定状況からも地方公共団体の熱意を量ることができます。

図表1-44　地方計画の策定状況

◆地方計画策定済み　7都府県、16市

（平成30年4月1日現在）

都道府県 市区町村		策定年月日	概要
関東	埼玉県	H29.3月	新規策定
	千葉県	H29.12月	既存計画の見直し
	東京都	H29.5月	〃
	神奈川県	H29.3月	〃
東海	愛知県	〃	新規策定
近畿	兵庫県	H28.11月	〃
	大阪府	H29.8月	〃

都道府県	市区町村	策定年月日	概要
千葉県	市川市	H28.3月	新規策定
	船橋市	H30.2月	既存計画の見直し
東京都	町田市	H29.3月	〃
	国立市	〃	〃
	清瀬市	〃	〃
	昭島市	H29.11月	〃
	武蔵村山市	H30.3月	〃
埼玉県	川口市	H30.3月	〃
神奈川県	藤沢市	H29.3月	新規策定
	厚木市	H30.3月	〃
静岡県	静岡市	H30.4月	〃
愛知県	名古屋市	H30.3月	既存計画の見直し
兵庫県	伊丹市	H29.3月	新規策定
福岡県	北九州市	H28.5月	既存計画の見直し
熊本県	熊本市	H30.1月	〃
鹿児島県	鹿児島市	H29.3月	〃

出典：農林水産省調べ

特定市を管下に置く都府県の多くが策定を済ませている一方で、市町村レベルでは首都圏では徐々に策定する地方公共団体が増えているものの、中部圏、近畿圏ではまだまだこれからという状況です。

なお、特定市以外の地方公共団体でも九州の3都市は計画策定を了えています。

2　温度差が生まれる背景

宅地化のポテンシャルなど、都市圏による違いもありますが、次の農地区分模式図に照らし、行政区域の中に農業振興地域農用地など、市街化区域内農地以外の農地がどの程度含まれているかにより、市町村の取り組み姿勢は大きく異なってきます。

図表1-45　農地区分模式図

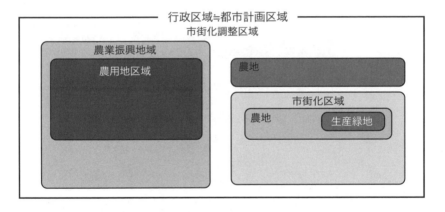

広い農用地区域が存在している場合、市町村の農業部局にとって、農業施策の中心はやはり農業振興地域であり、その中の農用地区域となります。

ですから、農家間の調整の難しさも含め、農業政策上は市街化区域内農地の問題は二の次になりがちです。

同じ地方公共団体でも、環境・緑地部局や都市計画部局は違った視点で都市農地の問題を考えます。

第1部 都市農地の入門編

　環境・緑地部局にとって、市街化区域は、居住者も多く、環境・緑地にとって重要なフィールドであり、都市公園や河川や樹林地などの緑資源が少ない所では、それを補完するものとして、生産緑地などの農地の保全に目を向ける可能性があります。

　生産緑地指定などを担当する都市計画部局に関しては、コンパクトシティ化に向けた国からの働きかけはありますが、まだ農地保全を自らのテーマと考えている所は少なく、他部局の動向に沿った動きをすることとなります。

　模式図を具体の市町村に当てはめたものを次に示しておきます。

　図表1-46は、東京都日野市の平成18年の都市農地の分布状況です。

図表1-46　日野市の市街化区域内農地の状況【H18現況】

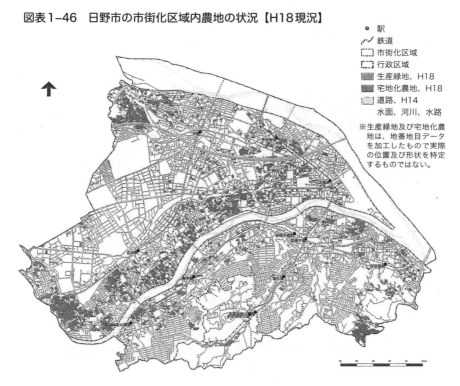

　日野市の場合は、河川等を除き、行政区域のほとんどが市街化区域となっており、大きな河川沿いの低地にある市街化区域内の農地は、その

半数ほどが生産緑地に指定されています。

次の図表1-47は大阪府富田林市の状況です。

行政区域は、線引きにより市街化区域と市街化調整区域に区分され、過半を占める市街化調整区域にある農地の大半は、農業振興地域として区分されたエリア（国の政策支援を受け、農業基盤整備や農業振興を図るエリア）の中に含まれており、市街化区域に点在している生産緑地は非常に僅かな面積に過ぎません。

図表1-47　富田林市　営農畜産現況図

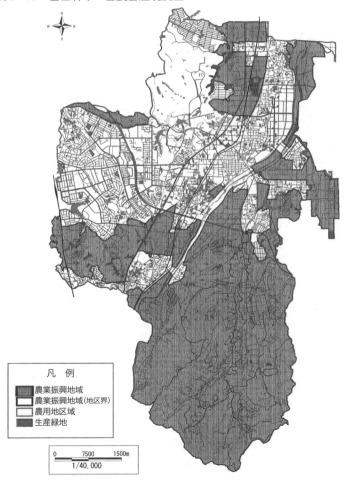

31　先進的な取組例

問 都市農業振興や都市農地保全について、地方公共団体の先進的な取組の例を教えてください。

答

1　東京都の取組

東京都の農林水産部では、平成19年度に「農業・農地を活かしたまちづくりガイドライン」を作成し、平成21年度から毎年2区市をモデル都市に選定し、平成27年度まで「農業・農地を活かしたまちづくり事業」（都補助事業）を実施しました。

モデル都市での取組の概要は図表1-48の通りです。

図表1-48　東京都　農業・農地を活かしたまちづくり事業一覧

実施年度	区市	農作物生産等	レクリエーション コミュニティ	景観・歴史 文化
H21～H24	練馬区	商店街空き店舗活用	農業公園　ふれあい拠点施設整備	
H21～H24	国分寺市	ブランド開発 JAファーマーズ・マーケット等	寄付を受けた農地で福祉農園整備	散策モデルコース 案内人養成
H22～H25	日野市	伝統料理教室	ファーマーズセンター整備	散策コース、案内板等
H22～H25	西東京市	ブランド開発（弁当）	ファームセンター整備	散歩道づくり
H23～H26	立川市	立川レシピ 特産加工品	ファーマーズセンター整備	観光ルート開発 農ウォークイベント
H23～H26	国立市	用水・ハケの改修 国立マルシェ	城山さとのいえ	用水・ハケでの各種イベント
H24～H27	世田谷区	個人直売所、防災兼用井戸	農業公園整備	「農」の風景育成地区と連携
H24～H27	調布市	個人直売所、防災兼用井戸	交流施設、案内板	農業用水親水化

また、同じ東京都の都市整備局では、平成23年から「農の風景育成地区」という、ユニークな取組を行っています。

減少しつつある農地を保全し農のある風景を将来に引き継ぐため、地

域住民や農業者と連携・協力すると共に、地区内の散在する農地を一体の都市計画公園（農業公園）として指定するなど、農地等の保全を図る都市計画制度などを積極的に活用することとしており、現在まで3地区が指定されています。

2　大阪府の取組

　都市化が進み農業振興地域の少ない大阪府では、独自の農地保全制度が必要であるとして、平成19年に「大阪府都市農業の推進及び農空間の保全と活用に関する条例」を制定し、農業振興地域以外の農家を対象とした大阪府版認定農業者制度や、農業振興地域農用地の他、市街化調整区域の概ね5ha以上の集団農地、生産緑地等を対象に農空間保全地域として指定し、農空間づくり協議会を通じた地域ぐるみの農地利用を促進する取り組みを進めています。

　この農空間保全地域は、府内農地の86％に当たる11,450haに上っています（平成29年12月）。

　また、条例に基づく多様な担い手育成策として、平成23年度に「準農家制度」を創設しています。

　この制度は、市民農園の規模（概ね3a程度）より大きく、農地法上の自立した農業経営規模（概ね20a～30a）より小さい、小規模な農地を対象に、新たに農業経営を目指す者（準農家候補者）を募集し、大阪府等が農地の貸付（利用権設定）の仲介を行うと共に、農地が確保されて準農家として農業経営を行う際には大阪府が技術等の支援を行うというもので、これまで97名の準農家が登録されています（平成29年3月）。

　準農家の要件は、都道府県の農業大学校等の修了者、6カ月以上の援農経験のある者、市民農園での経験が2年以上で府の研修を受けた者など、これまでの新規就農制度に比べ大変間口の広いものとなっています。

〈資料〉

　ここでは、一般財団法人都市農地活用支援センターが収集・整理している「都市と農の共生」、「農」の多様な機能を発揮した取組についての様々な事例の入手方法をご紹介します。

> **一般財団法人都市農地活用支援センターについて**
> 　都市農地制度が確立されたと同じ年、平成3年10月8日に都市と農の共生に向けた自治体、JA、まちづくり組織等の活動を支援することを目的とした財団法人として設立されました。
> 　基本財産出捐団体：三大都市圏の政令市、特定市が管内にある都府県、JAグループ、UR
> 　主務官庁：旧国土庁、旧建設省、農林水産省
>
> 　その後、公益法人改革の中で、平成25年4月1日に現在の一般財団法人に移行しましたが事業の柱の一つとして、都市と農の共生に向けて各地で展開されている先進的な取組事例に関する情報を提供してきました。
> 　社会情勢を反映し、設立当初は、農住組合等による農と住の調和したまちづくりに関するものが多く、近年は、農地保全と農の多様な機能発揮に関するものが多くなっています。
> 　こうした情報は、当センターホームページ（http：//www.tosinouti.or.jp/）を通じて全て公表しています。
> 　それぞれにアクセスする方法を以下にお示しします。

①一般財団法人都市農地活用支援センターホームページ

　一般財団法人都市農地活用支援センターホームページからは、「都市と農の共生（事例）」や「都市農地とまちづくり」のほか、都市農地に関する各種イベントや専門家派遣事業など、様々な情報を得ることができます。

「一般財団法人都市農地活用支援センター」ホームページ（抜粋）

第1部 都市農地の入門編

②都市と農の共生（事例）

　都市における「農」の多様な機能を発揮した取組を支援するため、H25年度から農水省の補助を得て、三大都市圏を中心に全国800地区に都市農業・まちづくりの専門家を派遣してきました（「農」の機能発揮支援アドバイザー派遣事業、旧「農」ある暮らしづくりアドバイザー派遣事業）。

　派遣事例を中心に特色のある事例をピックアップして、PDFファイル形式で掲載しており、無料でダウンロードできます。今後、順次充実していきたいと思っています。

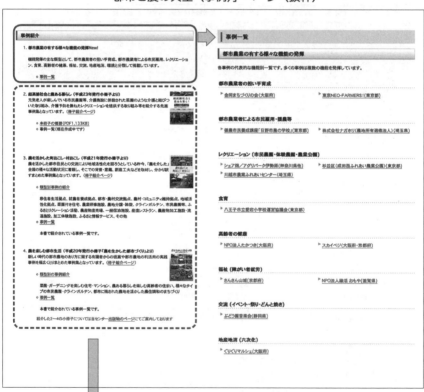

「都市と農の共生（事例）」ページ（抜粋）

※概要を紹介した2～4の本編冊子については、当センターの出版物のページでご案内しております（有料頒布）。

資 料

③情報誌「都市農地とまちづくり」

　平成6年（1994年）10月に創刊して以来、都市農地を活用したまちづくりに関する情報をタイムリーに特集化して提供してきた定期刊行物で、現在72号を数えています（1～4号／年）。
　バックナンバーの全てが、PDFファイル、画像ファイルにより、ホームページから無料でダウンロードすることができます。

「都市農地とまちづくり」→「バックナンバー一覧ページ」（抜粋）

バックナンバー一覧

※創刊号～32号及び41号はデータファイルが無かった為、本誌をスキャンした画像データとなっている為、容量が大きくなっております。また在庫本の都合上一部ページに欠損等ある場合がありますのでご注意ください。
※32号以前は容量圧縮のため、表紙等を除き本来2色刷りであったものを色情報を省略して掲載しております。

号	発行	内　容	目次・本文
72	2017年10月	・新理事長就任の挨拶 ・生産緑地法改正と新たな都市農業振興制度 ・都市農業振興基本法に基づく地方計画の作成 ・「農のある暮らしづくり」の多面的な取組み ・定期借地権コーナー	目次ページ
71	2016年10月	・センター設立25周年と求められる役割 ・特集1：新しい都市農地・都市農業を展望する ・特集2：「農のある暮らしづくり」の多面的な取組み	目次ページ
70	2015年10月	・都市農業・都市環境の形成に寄せて ・特集1：都市農業振興基本法をめぐって ・特集2：「農ある暮らしづくり」の多面的な取組み	目次ページ
69	2014年7月	・農を活用した福祉のまちづくり ・都市農地の保全と農業経 ・調布市深大寺・佐須地域での農地等保全・活用の取組 ・農のあるまちづくりの現代的展開 ・「農」ある暮らしづくりアドバイザー派遣事業について ・平成25年度「集約型都市形成のための計画的な緑地環境形成実証調査」の実施状況 ・県民参加型の耕作放棄地対策と農地の保全 ・地域住民と都市農家のパートナーシップ ・「農」を楽しむサービス付高齢者向け住宅の取組 ・都市農業の多面的機能を評価するチャートの作成と国民への周知 ・「農」と障害者福祉との連携に関する調査 ・地方自治体・地方公社の宅地分譲における定期借地権活用について	目次ページ
68	2013年3月	・都市農業の現状と今後の政策課題 ・「農の風景育成地区」の取り組み ・東日本大震災からの「複合的な復興まちづくり」の計画と実践 ・農を楽しむサービス付き高齢者向け住宅 ・民間企業による新たな市民農園等への取り組み ・東京都農業・農地を活かしたまちづくり事業について ・横浜市恵みの里事業への取り組みと課題 ・相続税減税など平成25年度税制改正大綱 ・農林水産省「都市農業の振興に関する検討会・中間とりまとめ」 ・災害公営住宅における定期借地権の活用 ・地方自治体による定期借地権分譲の取り組み ・鑑定評価基準改定に向けての意見交換	目次ページ

第1部 都市農地の入門編

（一財）都市農地活用支援センター

ホームページ

当センターの事業案内の他、都市農業、都市農地に関する様々な取組み事例の紹介等を行っています。

情報誌「都市農地とまちづくり」もご覧になれます。

URL:http://www.tosinouti.or.jp/

メールマガジン

都市農地を活用したまちづくりに関する最新のお知らせを配信しています。（無料）

〈メールマガジンの登録お申し込み方法〉

下記メールアドレス宛に「メルマガ配信希望」と記載し、お送りいただくか、ホームページの入力フォームからお申込みください。

〈メールマガジンの登録お申し込み方法〉

| 登録申込メールアドレス | ➡ | news@tosinouti.or.jp |
| 登録申込入力フォーム | ➡ | |

■（一財）都市農地活用支援センターの事業

調査研究 相談対応
- 都市農地に関するアドバイザーの派遣
- 「自治体政策支援室」等による相談対応
- 調査研究業務の受託

講演会 セミナー
- 定期講演会の開催
- 都市農地活用実践ゼミナールの開催

刊行物 発行等
- 情報誌「都市農地とまちづくり」の発行
- 事例集「超高齢社会と農ある暮らし」等の発行

〒101-0032 東京都千代田区岩本町3-9-13 岩本町寿共同ビル4階
一般財団法人都市農地活用支援センター
  tel：03-5823-4830　fax：03-5823-4831

第2部

都市農地の法制度

I　生産緑地制度

1　生産緑地とは

問　旧生産緑地と平成3年の法改正後の生産緑地の違いについて詳しく教えてください。

答

1　市街化区域内に農地を残す区域

　市街化区域は「すでに市街地を形成している区域及びおおむね10年以内に優先的かつ計画的に市街化を図る区域」ですので、農地を転用して宅地化を進める区域です。しかし、市街化区域といえども専業農家もありますし、都市近郊の新鮮な野菜の供給源として貴重な農地である事例もあります。

　市街化区域内農地については、三大都市圏の特定市においては固定資産税が宅地並み課税され、平成3年1月1日現在の特定市の市街化区域は相続税の納税猶予の適用がなく、三大都市圏の特定市以外では固定資産税が宅地並み評価の上で農地に準じた課税で、相続税の納税猶予は20年営農継続の上での免除のある納税猶予の適用が行われています。

　そこで、市街化区域の中で農地として残すことが必要であることに応えるために「生産緑地」制度が昭和49年に導入されました。現行の生

図表2-1　生産緑地と固定資産税・相続税の納税猶予

		相続税の納税猶予		固定資産税
三大都市圏の特定市	市街化区域内農地	平成3年1月1日現在特定市	平成3年1月1日現在特定市でない	宅地並み課税
		×	○	
	生産緑地	○	○	純農地課税
それ以外	市街化区域内農地	○		宅地並み評価 農地に準じて課税
	生産緑地	○		純農地課税

○　終身営農

産緑地法では生産緑地の指定を受けると固定資産税は農地課税とされますので市街化調整区域などの純農地の固定資産税と同様の課税とされます。また、平成3年1月1日現在の特定市の市街化区域は相続税の納税猶予の適用がありませんが、生産緑地の指定を受けている場合には終身営農を条件に相続税の納税猶予の適用を受けることができます。

2　旧生産緑地と新生産緑地の混在

　昭和49年に創設された生産緑地法ですが、旧法下ではほとんど機能しなかったのが実情でした。しかし、首都圏を中心に全体から見ればごくわずかですが、旧生産緑地である第1種生産緑地及び第2種生産緑地が現存しています。これらは法律そのものは改正されてしまっていますが、旧法による適用は引き続き行われており、5年ないし10年ごとの継続が行われています。一方、平成3年の法改正後平成4年1月1日以後スタートした新生産緑地の指定をした農地については後ほど述べますように指定から30年ですから、平成34年（2022年）12月31日までは、主たる営農者が死亡若しくは故障（人に故障はおかしいと感じられますが法律用語です）が生じない限りは買取り請求ができないこととされています。

　このように現存する生産緑地には旧生産緑地法に基づくものと平成3年の改正後の生産緑地法によるものが併存しています。

3　平成3年1月1日現在の三大都市圏の特定市とそれ以外の市町村の違い

　生産緑地における三大都市圏の特定市とそれ以外の市町村の違いは相

図表2-2　生産緑地と市街化農地の固定資産税

市街化区域内農地		
	三大都市圏の特定市街化区域	一般市街化区域
生産緑地	農地評価	農地評価
	農地課税	農地課税
市街化農地	宅地並み評価	宅地並み評価
	宅地並み課税	農地に準じた課税

続税の納税猶予の取扱いにあります。**図表2-2**にありますように生産緑地の固定資産税については全国どこでも「農地評価」に対する「農地課税」として市街化調整農地と同様の純農地として固定資産税が課税されます。

　相続税の納税猶予の適用は**図表2-1**のようになっています。平成3年1月1日現在の特定市の市街化区域については生産緑地以外の農地に納税猶予は適用できません。生産緑地については納税猶予の適用を受けることができますが、終身営農を続けなければなりません。しかし、平成3年1月1日現在の特定市以外の市街化区域では、生産緑地を含むすべての農地について納税猶予の適用を受けることができますし、20年営農を継続すれば相続税の納税猶予税額は免除されます（平成29年、30年の法改正は**Ⅳ**参照）。

2　三大都市圏の特定市の範囲

問 新生産緑地制度が導入されている三大都市圏の特定市の範囲とその取扱いについて教えてください。

答

1　三大都市圏の特定市

三大都市圏の特定市は東京都の特別区を含む首都圏整備法第2条第1項に規定する首都圏、中部圏開発整備法第2条第1項に規定する中部圏、及び近畿圏整備法第2条第1項に規定する近畿圏内にある地方自治法第252条の19第1項の市等で**図表2-3**の市をいいます。

2　固定資産税はすべての特定市で宅地並み課税

固定資産税（以下市街化区域においては都市計画税を含む）は、全国の都市計画区域内の市街化区域内にある農地は原則として宅地並み課税されることとなっています。しかし地方税法の特例（地方税法附則第19条）により、特定市以外の市町村の農地は宅地並み課税を免除されており、評価は宅地並み評価とされていますが、課税は農地に準じて行われています。結果として、三大都市圏の特定市の市街化区域内農地だけが生産緑地を除いて宅地並み課税されています。

3　平成3年1月1日現在の特定市かどうかで相続税の納税猶予適用が違う（租税特別措置法第70条の4第2項第3号）

三大都市圏の特定市では市街化区域の宅地化を推進するため、平成4年1月1日以後の相続開始から生産緑地である農地等を除いて、相続税の納税猶予の適用を受けることができないこととされました。その対象となるのはあくまでも平成3年1月1日現在の特定市の区域にある農地に限定されます。**図表2-3**には平成3年1月2日以後に町や村から市になったところや市町村合併で市になったため特定市に該当することとなった市も含まれています。しかし、あくまでも平成3年1月1日現在

特定市であった区域に限定して、市街化区域において生産緑地以外の農地に相続税の納税猶予の適用ができないこととされていますのでご留意ください。

4　平成3年1月1日現在の特定市で市街化調整区域が市街化区域になった場合（租税特別措置法第70条の4第2項第3号）

　それでは平成3年1月1日現在特定市であった区域において調整区域から市街化区域に編入があった場合にはどうなるのでしょうか。「平成3年1月1日現在特定市の市街化区域」ではなく、「平成3年1月1日現在特定市の区域」ですから、平成3年1月1日以後に市街化調整区域から市街化区域に編入された農地についても、生産緑地の指定を受けない限りは相続税の納税猶予の適用がないこととなります。固定資産税についても生産緑地の指定を受けたものを除いて宅地並み課税とされます。

5　平成3年1月2日以後特定市となった地域の取扱い

　平成3年1月2日以後に特定市となった地域については、市街化区域についても生産緑地を含めてすべての農地等に相続税の納税猶予の適用が可能です。しかし、固定資産税は生産緑地を除いて宅地並み課税が適用されます。

I 生産緑地制度

図表2-3 三大都市圏の特定市

(平成28.4.1現在)

区分	都府県名	都 市 名
首都圏	東京都	特別区、武蔵野市、三鷹市、八王子市、立川市、青梅市、府中市、昭島市、調布市、町田市、小金井市、小平市、日野市、東村山市、国分寺市、国立市、福生市、多摩市、稲城市、狛江市、武蔵村山市、東大和市、清瀬市、東久留米市、西東京市、あきる野市、羽村市
	神奈川県	横浜市、川崎市、横須賀市、平塚市、鎌倉市、藤沢市、小田原市、茅ヶ崎市、逗子市、相模原市、三浦市、秦野市、厚木市、大和市、海老名市、座間市、伊勢原市、南足柄市、綾瀬市
	千葉県	千葉市、市川市、船橋市、木更津市、松戸市、野田市、成田市、佐倉市、習志野市、柏市、市原市、君津市、富津市、八千代市、浦安市、鎌ヶ谷市、流山市、我孫子市、四街道市、袖ヶ浦市、印西市、白井市、富里市
	埼玉県	川口市、川越市、さいたま市、行田市、所沢市、飯能市、加須市、東松山市、春日部市、狭山市、羽生市、鴻巣市、上尾市、草加市、越谷市、蕨市、戸田市、志木市、和光市、桶川市、新座市、朝霞市、入間市、久喜市、北本市、ふじみ野市、富士見市、八潮市、蓮田市、三郷市、坂戸市、幸手市、鶴ヶ島市、日高市、吉川市、熊谷市、白岡市
	茨城県	龍ヶ崎市、常総市、取手市、坂東市、牛久市、守谷市、つくばみらい市
近畿圏	大阪府	大阪市、守口市、東大阪市、堺市、岸和田市、豊中市、池田市、吹田市、泉大津市、高槻市、貝塚市、枚方市、茨木市、八尾市、泉佐野市、富田林市、寝屋川市、河内長野市、松原市、大東市、和泉市、箕面市、柏原市、羽曳野市、門真市、摂津市、泉南市、藤井寺市、交野市、四條畷市、高石市、大阪狭山市、阪南市
	京都府	京都市、宇治市、亀岡市、向日市、長岡京市、城陽市、八幡市、京田辺市、南丹市、木津川市
	兵庫県	神戸市、尼崎市、西宮市、芦屋市、伊丹市、宝塚市、川西市、三田市
	奈良県	奈良市、大和高田市、大和郡山市、天理市、橿原市、桜井市、五條市、御所市、生駒市、香芝市、葛城市、宇陀市
中部圏	愛知県	名古屋市、岡崎市、一宮市、瀬戸市、半田市、春日井市、津島市、碧南市、刈谷市、豊田市、安城市、西尾市、犬山市、常滑市、江南市、小牧市、稲沢市、東海市、尾張旭市、知立市、高浜市、大府市、知多市、岩倉市、豊明市、日進市、愛西市、清須市、北名古屋市、弥富市、みよし市、あま市、長久手市
	三重県	四日市市、桑名市、いなべ市
	静岡県	静岡市、浜松市

※1 ＿＿＿の市は、平成3年1月2日以降に特定市に該当したところです。
※2 相続税の納税猶予制度における特定市は、平成3年1月1日現在の特定市(190市)であった区域に限定されています。ただし、固定資産税については、同日後に市となったものを含みます。
※3 近年の市町村合併により、上記の名称が変更されたり合併により吸収されたことにより、表示市名と異なっている場合がありますので、ご確認ください。

3　生産緑地地区制度の概要

問 生産緑地の指定を受けると管理義務があり、簡単には解除できないそうですが、その取扱いについて教えてください。

答

1　生産緑地地区指定の目的（生産緑地法第1条）

　　生産緑地地区指定の目的は「農林漁業との調整を図りつつ、良好な都市環境の形成を資すること」にあります。

2　生産緑地地区として都市計画により決定（生産緑地法第3条）

　全国の都市計画法上の都市計画区域内の市町村は、都市計画上必要であれば市街化区域内農地のうち一定の要件を満たした農地を対象として、市町村が原案を作成し、農地所有者の同意を得た上で、都道府県知事の承認を得て生産緑地地区として都市計画を決定することができます。

　三大都市圏の特定市以外の市でも福岡市、新潟市、長野市、金沢市、和歌山市などは既に生産緑地制度が導入されています。

3　農地等としての生産緑地の管理義務（生産緑地法第7条）

　生産緑地地区として指定された農地（以下生産緑地といいます）について、その所有者等は、その生産緑地を農地として管理する義務が課せられています。農地としての管理を継続するのに必要な助言やその他の援助を市町村長に対して求めることができることとされています。

4　生産緑地の買取り申出制度（生産緑地法第10条）

　都市計画によって生産緑地の指定を受けた農地は、次のような事由が生じた場合には市町村に対して買取り申出を行うことができることとされています。

　①　生産緑地地区指定から30年経過（旧第1種生産緑地は10年、旧

第2種生産緑地は5年)
② 主たる従事者の死亡
③ 主たる従事者が農林漁業に従事することを不可能にさせる故障

　これらの事由が生じた場合に買取り請求をするかどうかはあくまでも農地所有者の判断で決めます。これらの事由が生じても継続して生産緑地地区の農地として営農を続けることは何の問題もありません。なお、いわゆる小作地においては耕作権者と農地所有者の両者の連名でなければ買取り請求をすることができません。

5　原則として買い取るとされているが実際はほとんど買い取られていない（生産緑地法第11条）

　生産緑地地区指定農地所有者から買取り申出があった場合には、市町村長は特別な事情がない限り、その生産緑地を時価で買い取らなければならないこととされています。しかし、実際には各市町村の財政事情から買取り請求があった場合には、ほとんどの場合において買取り申出から1ヶ月以内に「買い取らない旨の通知」をしているのが実情です。

第2部 都市農地の法制度

図表2-4 生産緑地地区制度の概要

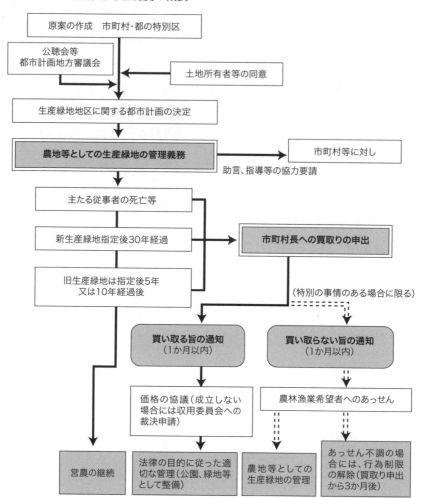

4 生産緑地地区指定の要件と手続

問 生産緑地の指定を受けるために必要な行政上の手続きはどのようになっているのでしょうか。

答

1 生産緑地地区指定の要件（生産緑地法第3条第1項）

都市計画法に基づく地区指定の一つである生産緑地地区は、図表2-5のような行政手続を経て指定されますが、指定を受けるための要件として現に農林漁業の用に供される農地等であって、次の3つの要件すべてを満たす必要があります。その上で、生産緑地地区の指定は、幹線道路、下水道などの主要な都市設備の整備や合理的な土地利用に支障をきたすことのないよう行われることとされています。

① 公害又は災害の防止、農林漁業と調和した都市環境の保全等良好な生活環境の確保に相当の効用があり、かつ、公共施設等の敷地の用に供する土地として適しているものであること。
② 500㎡以上の規模の区域であること。
③ 用排水その他の状況を勘案して農林漁業の継続が可能な条件を備えていると認められるものであること。

2 生産緑地地区指定までの行政手続

生産緑地地区は公聴会等による住民の意見を反映して市町村が原案を作成し、その原案を市町村の審議会などの審議を経て、土地所有者等の同意を得た上で生産緑地地区の指定案の公告及び縦覧が行われます。その後に都道府県において都市計画地方審議会が開かれ、知事の承認を経て市町村が都市計画決定をし、その内容が公告及び縦覧に付されます。

本来都市計画決定は土地所有者等にアンケート調査などの意向聴取は行われますが、土地所有者等の同意を得て行われるものではありません。しかし、生産緑地地区指定の目的は市街化区域内において良好な都市環境の保全に資することにありますので、農業経営者に引き続いて農地と

して肥培管理を継続してもらわなければなりません。そこで農地所有者等の同意を得ることで生産緑地制度を機能させ、実効をあげることとしているわけです。

図表2-5　生産緑地地区指定までの行政手続きの流れ

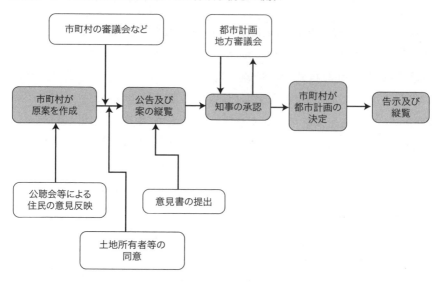

3　他の都市計画等との関連

　市街化区域における都市化の推進や都市計画による市街化調整区域の市街化整備の一環としての区画整理を伴う市街化区域への編入などが、モータリゼーションの流れの中で高速道路や国道・都道府県道路などの整備に伴って全国的に広がっています。土地区画整理などの手法によって行われるこれらの整備に伴って、生産緑地制度が活用される例が増えていますが、その際には次のような調整が行われています。

① 　土地区画整理事業の施行区域内等においても、その事業の実施に支障を及ぼさない範囲内で生産緑地地区の指定を行うことができます。また、生産緑地地区を含む区域において土地区画整理を行い、散在している生産緑地地区を一か所にまとめることも行われています。

② 市街化調整区域において区画整理が行われる場合、農地として残したいというニーズが強く、その場合、区画整理計画区域のうち一定割合の面積を生産緑地地区とすることが一般的です。
③ ①、②の場合に、既に相続税の納税猶予の適用を受けている農地等については、農地の位置や面積等に移動が生じても一定の手続をとることによって納税猶予の適用を継続することができるよう手当がされています。
④ 道路や公園などの都市計画決定が行われている区域内でも、生産緑地地区指定は可能で、その後これらの事業が実施される段階で生産緑地地区から除外されます。
⑤ 高度利用地区など、土地の高度利用を図ろうとする地区については原則として生産緑地地区指定はできません。

5 生産緑地指定の条件の詳細

問 生産緑地の指定を受けるためには一定の条件を満たさなければならないそうですが、その内容を教えてください。

答

1 500㎡以上の要件は一団の農地（生産緑地法第2条第1項）

　　生産緑地の指定を受けるためには一団の農地等の面積が500㎡以上でなければなりません。生産緑地法において農地等とは、「現に農業の用に供されている農地若しくは採草放牧地、現に林業の用に供されている森林又は現に漁業の用に供されている地沼（これらに隣接し、かつ、これらと一体となって農林漁業の用に供されている農業用道路その他の土地を含む。）をいう」とされています。

　一団の農地等が500㎡以上であるかどうかの判定は申請される一団の農地で行われます。したがって、農道等で区分されていても、申請が一団の農地として申請されれば、これらが一体として農業の用に供されている限り、合計500㎡以上の面積があれば一団の農地として生産緑地の指定を受けることができます。

2 平成29年6月15日以後300㎡以上に

　500㎡未満の農地については生産緑地の指定を受けることができず、小規模な農地での農作物の栽培が困難でした。また、公共収用等に伴って、または複数所有者の農地が指定された生産緑地地区で一部所有者の相続等による一部解除に伴って、面積が規模要件を下回ると生産緑地指定が解除されるいわゆる道ずれ解除となります。

　そこで生産緑地法が改正され、市町村が条例で生産緑地の最低面積を300㎡以上に引き下げることができることとされました。また、個々の農地面積が100㎡以上であれば、同一または隣接する街区内に複数の農地がある場合に、一団の農地とみなして生産緑地の指定を可能とする運用を認めることとされました。これらは平成29年6月15日以後に市町

3　所有者が異なる農地を一団の農地として申請

　所有者の異なる農地所有者が隣接した農地を共同で生産緑地地区指定の申請をすることができます。農道等で区分されていても、申請が一団の農地として申請されれば、これらが一体として農業の用に供されている限り、一団の農地であることは農地所有者が単独でなければならないとされていませんので可能なわけです。

4　農地の権利保全者全員による申請でなければならない（生産緑地法第7条第1項）

　「生産緑地について使用又は収益をする権利を有する者は、当該生産緑地を農地等として管理しなければならない」とされており、小作農地や農地の利用権保有者がいる場合には、農地所有者とこれらの権利保有者が同意の上、共同で生産緑地地区指定の申請をしなければなりません。

図表2-6　営農意欲があっても生産緑地地区が解除される事例

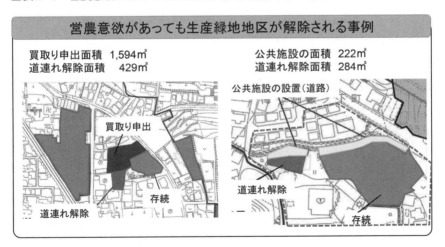

出典：国土交通省都市局「生産緑地法等の改正について」

6　生産緑地の市町村及び所有者等の管理義務

問 生産緑地の指定を受けると農地としての維持・管理が求められるそうですが、これを怠るとどうなるのでしょうか。

答

1　市町村による標識等の設置義務（生産緑地法第6条）

「市町村は生産緑地地区に関する都市計画が定められたときは、その地区内に、これを表示する標識を設置しなければならない」と定められており、生産緑地所有者等は正当な理由がない限り、この標識の設置を拒み、又は妨げてはならないとされています。畑や田などに「生産緑地地区」などと書かれた緑色のポールなどが立っているのを見かけられた方もおられると思いますが、これが生産緑地であることの標識です。

2　所有者等の肥培管理義務（生産緑地法第7条）

「生産緑地について使用又は収益をする権利を有する者は、当該生産緑地を農地等として管理しなければならない」とされていますが、「農地等としての管理」とは農地法第2条にいう「耕作の目的に供されている土地」を農地という以上、「管理しなければならない」は「肥培管理しなければならない」ということになるでしょう。

3　生産緑地の管理に対する農業委員会による助言・指導が厳しく

生産緑地については既に農地としての利用状態の監視が農業委員会によって行われ、適正に農地として利用しているかどうかの確認と利用していない場合の指導が行われています。第1部の図表1-17のように、農地法に「遊休農地に関する措置」が規定され、農業委員会は毎年1回、その区域内にある農地の利用状況について調査を行わなければならないこととされ、生産緑地においてもより厳しい指導や勧告が行われることになりました。

図表2-7の書式は農地法改正前から農業委員会が農地所有者に対して

交付している「農地の適正管理の徹底」を指導するためのものです。生産緑地地区制度を導入している市町村のすべてにおいてこのような厳しい措置がとられていたわけではありませんが、今後は農地法に基づいて従来以上に厳しい指導や勧告などが行われることになると考えられます。

図表2-7 〈農地の適正管理の徹底について〉書式例

　　　　　　　　　　　　　　　　　　　　　　　平成　　年　　月　　日

　　　　　　　　　殿

　　　　　　　　　　　　　　　　　　　　　　　　　　農業委員会

　　　　　　　　　　　　　　　　　会長

　　　　　　　　　　　農地の適正管理の徹底について

　農業委員会では、農業委員による農地の適正な管理について日々調査を実施しているところであります。

　今回あなた様が所有している下記の農地は管理不十分な状態に見受けられました。

　今の状態では、農地本来の機能を発揮できないばかりでなく、地域住民からの都市農業に対する理解が得られなくなる恐れがあります。

　農地の管理は言うまでもなく所有者の責務であります。色々とご事情もあると思いますが、早急に農地の適正管理に努められるようお願いします。

　　　　　　　　　　　　　　　記

改善を要する農地

　　　　　　　　筆　　　　計　　　　㎡

（特に、住宅地に隣接する農地については、十分な管理をお願いします）

7　生産緑地の行為制限と原状回復

> **問** 生産緑地の指定を受けると主たる営農者が死亡するか故障にならないと買取申し出ができないとのことですが、市街化区域の農地であっても転用して売却、賃貸、建物建築などはできないのでしょうか。

答

1　生産緑地地区内の行為制限（生産緑地法第8条第1項）

生産緑地地区内においては、市町村長の許可を受けなければ次の行為をしてはならないこととされています。ただし、公共施設等の設置若しくは管理に係る行為又は非常災害のため必要な応急措置として行う行為については、許可は不要であるとしています。

① 建築物その他の工作物の新築、改築又は増築
② 宅地の造成、土石の採取その他の土地の形質の変更
③ 水面の埋立て又は干拓

2　生産緑地地区内の行為制限の例外規定（生産緑地法第8条第2項）

生産緑地地区内に行為制限が設けられているのは、生産緑地地区に期待されている良好な環境保全機能を果たし、多目的保留機能の継続を果たすためです。一方、農林漁業を継続するために必要不可欠で、かつ全体としての生産緑地の保全上支障のない施設については認めざるを得ないとの判断から、次のような施設については例外的に認められています。

① 農産物、林産物又は水産物の生産又は集荷の用に供する施設
② 農林漁業の生産資材の貯蔵又は保管の用に供する施設
③ 農産物、林産物又は水産物の処理又は貯蔵に必要な共同利用施設
④ 農林漁業に従事する者の休憩施設
⑤ ①〜④に掲げるもののほか、政令で定める施設

I 生産緑地制度

3 行為制限に対する違反には原状回復命令（生産緑地法第9条）

　上記の行為制限に違反したり、例外規定で認められている施設の設置許可の際につけられた条件に違反したりした場合には、相当の期限を定めて、その生産緑地の保全に対する障害を排除するために必要な限度において、その原状回復を命じ、又は原状回復が著しく困難である場合に、これに変わるべき必要な措置をとるべきことを命ずることができるとされています。畑であった農地を駐車場にした場合には、畑の状態に戻さなければなりませんし、水田であったものを宅地造成してしまった場合に水田に戻すことが困難な場合には畑地等に造成する必要があります。

4 結果的に売れない・貸せない・建てられない・借りられない

　生産緑地の指定を受けるということは農地以外に利用できないということですし、生産緑地の買取り請求をして買い取らない旨の通知を受け、その後都市計画決定において生産緑地地区指定の解除が行われない限りは売却することもできません。もちろん賃貸住宅を建てるなどということも、土地を農地以外の目的で賃貸することもできませんし、生産緑地地区指定を受けた土地を担保として金融機関から資金の融資を受けることも事実上できないでしょう。

図表2-8　売れない・貸せない・建てられない・借りられない

第2部 都市農地の法制度

8 主たる従事者と買取り申出

問 生産緑地の解除をするための条件を教えてください。

答

1 生産緑地の買取り申出（生産緑地法第10条）

「生産緑地の所有者は、その生産緑地に係る生産緑地地区に関する都市計画の告示の日から起算して30年を経過したとき、又はその告示後にその生産緑地に係る農林漁業の主たる従事者が死亡し、若しくは農林漁業に従事することを不可能にさせる故障に至ったときは、市町村長に対し、書面をもって、その生産緑地を時価で買い取るべき旨を申し出ることができる。」として、生産緑地の指定解除をできる条件を限定しています。

2 主たる従事者とは（生産緑地法施行規則第2条）

生産緑地地区指定の告示から30年経過以外で買取り申出ができるのは、主たる従事者の死亡又は故障が発生した場合に限られます。この主たる従事者とはどのような人をいうのでしょうか。この主たる従事者は次のような人をいうこととされています。

(1) 中心となって農業等に従事している者で、その者が従事できないと生産緑地における農業経営が客観的に不能となる場合のその者

(2) 申出のあった日において(1)の中心となっている者の年齢に応じて次の割合で従事している者

　① 主たる従事者が65歳未満である場合には、その者の生産緑地に係る農林漁業の業務に1年間に従事した日数の8割以上従事している者

　② 主たる従事者が65歳以上である場合には、その者の生産緑地に係る農林漁業の業務に1年間に従事した日数の7割以上従事している者

3 実際の判定は各市町村長

主たる従事者であるかどうかについては、各市町村長が判断すること

になります。その際、個々の従事者の従事日数の把握については、各地域の農業実態等に精通している農業委員会が判断し、証明書を発行することになっています。主たる従事者は上記2から判断して、複数の者がいることもあり得ることになります。

4　故障とはどのような状態か（生産緑地法施行規則第4条）

「農林漁業に従事することを不可能にさせる故障」とはどのようなことをいうのでしょうか。生産緑地の肥培管理ができない状況を客観的に判断できるための基準を次のように定めています。

(1) 次に掲げる障害により農林漁業に従事することができなくなる故障として市町村長が認定したもの
　① 両眼の失明
　② 精神の著しい障害
　③ 神経系統の機能の著しい障害
　④ 胸腹部臓器の機能の著しい障害
　⑤ 上肢若しくは下肢の全部若しくは一部の喪失又はその機能の著しい障害
　⑥ 両手の手指若しくは両足の足指の全部若しくは一部の喪失又はその機能の著しい障害
　⑦ ①から⑥までに掲げる障害に準ずる障害

(2) 1年以上の期間を要する入院その他の事由により農林漁業に従事することができなくなる故障として市町村長が認定したもの

5　実際の手続には診断書等が必要に

「故障」による買取り申出は、市町村長が認定することになるわけですが、上記のような事実を確認するため、手続の際には医師の診断書等が必要となります。市町村によっては一定の年齢に達した場合には「故障に準ずる障害があるものとみなして」認定をしているところもあるように、独自の基準を設けている市町村もあるようです。

9 生産緑地の買取り申出の取扱いの実態

問 生産緑地の買取り申出が可能な条件になって、買取り申出をすると必ず買い取られるのでしょうか。

答

1 故障による買取り申出の市町村による取扱いの違い

故障による生産緑地の買取り申出事由は前ページのとおりですが、生産緑地法施行規則第4条の「農林漁業に従事することができなくなる故障として市町村長が認定したもの」の「⑦　①から⑥までに掲げる障害に準ずる障害」の解釈適用に市町村によって違いがあるようです。例えば、ある市では65歳に達した場合には⑦に該当するものとみなして買取り申出があった場合には、故障と認定しているようです。また、医師の診断書があっても実態を詳しく調査した上で認定を慎重に行っている市町村があれば、一方では医師の診断書があれば自動的に認定を行っている市町村もあるようです。

2 生産緑地の一部解除が認められる？

2か所の生産緑地を所有している主たる従事者が生産緑地の買取り申出をした場合には、いずれの生産緑地についても買取り申出の対象となると考えられます。このことについては法律に明確な規定がありません。しかし、市町村によってその取扱いにバラツキがあるようです。障害の程度からして、2か所のうち自宅に近い一方の生産緑地だけなら営農継続が可能であるので、自宅から遠い生産緑地だけ買取り申出をした場合、これを認める市町村と認めない市町村があります。言い換えると生産緑地の一部解除の買取り申出を認めている市町村とそうでないところがあるわけです。

3 一団の生産緑地は全体を一括して買取り申請しなければならない？

例えば一団で1,500㎡である生産緑地を耕作している主たる従事者

が、故障になったために買取り申出する場合に、故障の程度から750㎡ずつ2筆に分筆した上で、1筆だけを買取り申出し、1筆については生産緑地の指定を継続した上で営農を続けた場合の取扱いはどうなるのでしょう。これについても認める市町村と認めない市町村があるようです。

4 主たる従事者が2名いる場合の一部解除は

　数か所の生産緑地を営農していて主たる営農者が2人いる場合において、そのうち1人が故障の事由に該当したため買取り申出をし、その際に一部のみをその対象とし、それ以外の生産緑地についてはもう1人の主たる従事者が営農を継続するとした場合には、残った1人がすべての生産緑地の営農継続をすることができない合理的な事由があると考えられます。これら1から4については市町村によっては生産緑地法第10条と第15条の取扱いの混同もあるようです。

5 相続税の納税猶予の適用を受けない生産緑地は強制的に買取り申出？

　最近は少なくなったようですが、新生産緑地制度がスタートした当時には「相続税の納税猶予制度の適用を受けない生産緑地については、すべて買取り申出をしなければならない」と指導していた市町村があったようです。もちろん、そのような法律はどこにもありません。三大都市圏の特定市の市街化区域においては、生産緑地を相続人が相続して営農継続しなければ相続税の納税猶予の適用を受けることができませんが、その逆はありません。

6 主たる従事者が死亡した場合の買取り申出は1年以内？

　主たる従事者の死亡があった場合には買取り申出事由に該当しますが、買取り申出は死亡があった日からいつまでにしなければならないという規定は生産緑地法にはありません。しかし、原則として主たる従事者が死亡した日から1年以内に農業後継者である主たる従事者の届出を

する必要があるとし、この届出をした場合には、その後買取り申出をすることはできないとする市町村が多いようです。しかし、このように厳格に取り扱っていない市町村も多く見受けられました。

7　農地法改正後は納税猶予の適用を受けなくても生産緑地の意思決定が必要に

　相続税の納税猶予の適用を受けるためには、相続開始の日から10か月以内に相続税の申告書を提出しなければなりません。そのためには、それまでに農業委員会から「相続税の納税猶予に関する適格者証明書」の交付を受けなければなりませんので、主たる従事者の届出などの手続をしないことはあり得ません。農地法改正前には農地を相続税により取得した場合に、農業委員会に届け出る義務はありませんでしたが、平成21年12月15日以後の相続等によって農地を取得した者は、遅滞なく農業委員会に届け出なければなりません。これを怠ると10万円以下の科料が課せられます。そうすると相続税の納税猶予の適用を受けない場合であっても、農地を取得した者は農業委員会にその旨を届けなければならず、その農地が生産緑地である場合には、買取り申出をするのかしないのかを決め、買取り申出をしない場合には同時に主たる従事者の届出もしなければならないことになります。農地法改正前は、相続税の納税猶予の適用を受けない場合や相続税そのものがかからないような場合には、市町村によって、相続で生産緑地を取得した者は届出などをしないこともあり得たのですが、改正後は必ず意思決定が必要になったわけです。

10 主たる従事者と生産緑地の相続税評価

問 生産緑地所有者が死亡した場合の、農地である生産緑地の評価には何か特別な取扱いがあるのでしょうか。

答
1 生産緑地の相続税評価（財産評価基本通達40-3）

相続税の課税価格の計算上、生産緑地の評価額については、一定の利用制限が課されているため、農地所有者に相続が開始した時点の生産緑地の状況に応じて次に掲げる割合の評価減額が行われます。

① 課税時期において買取り申出中又は買取り申出が可能な生産緑地：減額割合5％
② 課税時期において買取り申出ができない生産緑地：次のそれぞれの割合

図表2-9　買取り申出ができることとなる日までの期間に応ずる減額割合

買取り申出ができることとなる日までの期間	減額割合
5年以下	10％
5年を超え10年以下	15％
10年を超え15年以下	20％
15年を超え20年以下	25％
20年を超え25年以下	30％
25年を超え30年以下	35％

2 主たる従事者の死亡又は故障の有無が生産緑地の相続税評価に影響

生産緑地である農地の所有者に相続が発生した場合には、その農地所有者が主たる営農者に該当すると、生産緑地の買取り請求事由が発生したことになります。一方、小作農地のように農地所有者と耕作者である小作権者とが共同で生産緑地の指定申請をしているような場合には、農地所有者は主たる従事者ではありませんので、農地所有者の相続が発生しても生産緑地の買取り請求事由は発生しません。

つまり生産緑地である農地の所有者が主たる従事者であるかどうかに

よって、その農地所有者に相続が発生した場合の生産緑地の評価額に違いが生ずるわけです。

3　買取り申出ができるまでの期間が長いと評価額は大きく下がる

　生産緑地である農地の所有者に相続が発生したときに、その農地所有者が主たる営農者でない場合には、生産緑地の買取り請求事由が発生していません。生産緑地の指定から5年しか経過していなければ、買取り請求ができるまで25年以下の場合には、生産緑地の相続税評価額は30％減額されます。仮に通常の評価額が1億円であるとすると3,000万円減額されることになります。ところが、農地所有者自身が主たる従事者であれば買取り請求事由が発生しますので、その評価額は5％しか減額されませんので、通常の評価額が1億円とすると500万円の減額にとどまります。この差は大きいといえるでしょう。

4　裁判で争われた例（平成15年4月16日名古屋高判）

　まさにこの農地所有者が主たる従事者に該当するかどうかで争われた税務訴訟があります。納税者側が「父親は農業に従事していないから主たる従事者ではなく、子供が主たる従事者であり、主たる従事者である子供は生きているから、生産緑地の買取り申出はできない」と主張、これに対し税務署は「主たる従事者とは実際の農業の労働力だけで判断するべきではなく、生産緑地の農業経営は誰が主体的になっていたかで主たる従事者を判断すべきである」として争われました。これに対して名古屋高裁は「生産緑地法における主たる従事者は、現実に労働力の提供という要素だけに限定すべきではなく、資本その他の経営面における要素も総合考慮した上で、……判断すべきである」としました。税務署の主張に沿って判決ではその範囲を拡大して解釈したように思われます。

Ⅱ 農地法

11 都市計画法と農地の区分

問 農地といっても、都市計画法上の農地と相続税評価上の農地には区分の違いがあるそうですが、その違いを教えてください。

答

1 都市計画法による区域区分と農地の区分

(1) 都市計画区域（都市計画法第5条）

昭和43年に制定された新都市計画法では、市又は町村の中心の市街地を含み、かつ、一体の都市として総合的に整備、開発、保全を図る必要がある区域について、「都市計画区域」として都道府県が指定することとされています。

(2) 市街化区域及び市街化調整区域と税負担（都市計画法第7条第2項、第3項）

「市街化区域」は無秩序な乱開発を防止し、計画的な市街化を推進するために都市計画法で設定された区分であり、既に市街地を形成している区域及びおおむね10年以内に優先的かつ計画的に市街化を図る区域とされています。

一方、「市街化調整区域」は市街化を抑制すべき区域とされています。

市街化区域には道路や水道、ガス、電気などの社会資本整備のために税金が投入されており、資産価値や担税力と受益者負担の観点から、農地についても市街化調整区域農地と比較して高い固定資産税が課税され、市街化調整区域には課税されていない都市計画税が課税されています。また、相続税を課税する際の評価額も宅地並み又は宅地比準価額として高くなっており、結果として税負担も大変重いものになっています。もっとも市街化区域内の農地でも生産緑地については、例外的に固定資産税は市街化調整農地と同様の課税とされています。

2　農地転用許可基準による区分（農地法第4条第2項、同法施行令第7条～第12条）

(1)　市街化区域内の農地

都市計画法第8条第1項第14号に規定されている生産緑地の転用については、届出ではなく生産緑地法に基づく一定の手続によることとされています。

(2)　市街化調整区域内の農地

市街化調整区域は市街化を抑制すべき区域であることから、厳しい転用許可基準が設けられています。市街化調整区域内農地は甲種農地と乙種農地に区分され、甲種農地は原則として転用は許可されません。

① 　甲種農地……集団的優良農地、土地基盤整備事業地区内の農地
② 　乙種農地……甲種農地以外の農地で、次の3つに区分し、それぞれの許可の可否を判断することになります。

イ）第1種農地（農業公共投資の対象となった農地など）……原則として許可しない（農地法施行令第11条第1号、第19条第1号、第10条第1項第2号イ、第18条第1項第2号イ、同法施行規則第35条第5号、第36条）

　　平成21年の農地法改正において、原則として転用が認められない第1種農地の集団性基準について、従来の「おおむね20ヘクタール以上」から「おおむね10ヘクタール以上」に引き下げられました。また、第1種農地の転用不許可の例外事由が厳格化されました。

ロ）第2種農地（街路が普遍的に配置されている地域や公共施設から近距離にある農地）……例外的に許可する

ハ）第3種農地（ガス、上下水道の整備されている地区及び市街地の中に介在する農地）……原則として許可する（農地法施行規則第43条第1号）

　　平成21年の農地法改正において、該当基準が厳格化されました。

3 相続税・贈与税の農地の評価区分

相続税、贈与税の課税の評価上の区分はこれらの区分をもとに財産評価基準において区分されています。

図表2-10　農地の区分一覧表

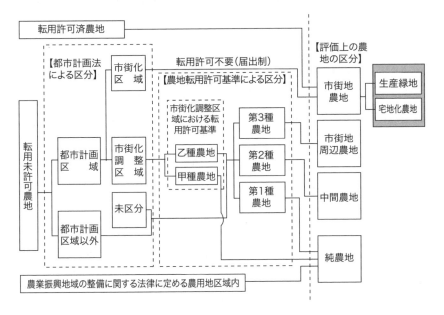

Ⅲ 農地の貸付に関する法制度

12 農地利用の集積による効率化のための農地貸付事業

問 農地を貸し付けて契約期限が来れば確実に返還してもらえる制度があるそうですが、その内容を教えてください。

答

1 農業経営基盤強化促進法の改善による農地貸付支援

従来から農業経営基盤強化促進法において、農地の効率的利用を促進するための様々な方策が講じられてきました。大規模農業経営に取り組もうとする事業者にとっては農地を所有権で取得しようとすると資金面で困難であるため、農地の利用権を取得する、つまり農地の賃貸借によって面積を確保することになります。一方、農地所有者が農地を貸し付けようとする場合には、賃貸する相手先の経営基盤ができるだけ安定度の高いところにしたいと考えます。そこで従前は農地保有合理化法人という第三者機関でいったん農地を借り上げ、これを事業者に貸し付けるという方法をとっていました。ところがこの場合、農地保有合理化法人が賃料の下落リスクなどを負担することになり、財務力に不安がある場合には機能していないという実態がありました。

2 すべての市町村に農地利用集積円滑化事業が必須

そこで農業経営基盤強化促進法が改正され、市町村が定めることとされている「基本構想」において、新たに「農地利用集積円滑化事業に関する事項」を定めることとし、農地利用集積円滑化事業を各市町村の必須事業として規定されました。その中心事業として、農地所有者の委任を受け、その者を代理して農地の貸付けなどを行う「農地所有者代理事業」が位置づけられました。

これによって農地所有者は農業後継者がいないなどの事由で農業経営を継続できなくなった場合やこれに備えて農地を賃貸できる可能性が高

まったといえます。

3　事業実施者が現れ事業実施地域に該当しなければならない

　平成23年9月現在で、市町村農業経営基盤強化促進基本構想を策定している1,629市町村のうち、1,519市町村（93％）において農地利用集積円滑化事業の実施主体が決定され、1,471市町村（90％）で農地利用集積円滑化事業規程を承認済みとなっており、1,654団体が設立されています。また、「農地所有者代理事業」はリスクや負担を伴いませんので、土地改良区や担い手育成総合支援協議会なども事業主体になることができるとされています。

　貸付けなどの実施に当たっては、従来からの農用地利用集積計画の仕組みを活用して行われることとされています。

4　農用地利用集積計画（農業経営基盤強化促進法第18条）

　農用地利用集積計画は市町村が複数の農地の権利移動について一括して定める計画を作成・公告することにより、農地法の許可を受けることなく、農地の権利の設定・移転が行われる仕組みです。これによって設定・移転された賃借権等は、法定更新が適用されず、存続期間の満了により農地は確実に返還されることになります。農地法の改正によって農地の賃貸借期間は最長50年に延長されましたので、農用地利用集積計画によって貸し付けられた農地については、実質的に農地の定期借地が実現したことになります。

13　農地利用集積円滑化事業による貸付

問　共有状態の農地の有効活用の制度が平成30年に改正されたそうですが、その内容を教えてください。

答　**1　共有農地の利用権設定の同意は2分の1超**（農業経営基盤強化促進法第18条第3項第4号）

　法定相続が定着し、農地についても相続の際に共有で相続され、その共有者の一部が遠隔地に居住している例が増加しています。このように複数の者により共有されている農地について、5年を超えない利用権の設定を内容とする農用地利用集積計画を策定する場合には、共有者全員の同意ではなく共有持分の2分の1を超える同意でよいこととされました。これによって農地利用の集積利用を促進しようとする考え方です。

　しかし、実際には所有者不明農地等の多くの場合を占める、固定資産税等を支払う耕作者が、リタイアして機構等に土地を預けようとする場合、現状ではこの手続きを利用することになりますが、①自らすべての相続人にあたって、多大な時間と費用を費やしたうえで、②利用権の設

図表2−11　農業経営基盤強化促進法上の問題点

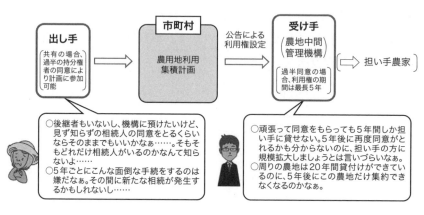

出典：農林水産省経営局「農地の取扱いの見直しについて」

定は5年間という農業生産上きわめて短期でしか利用できません。

　そこで平成30年8月改正において、賃貸期間を可能な限り長期の期間で設定することを可能とし、その際、共有者の探索方法については、必要以上の探索にならないよう明確化されました。

2　一般法人が事業実施者になることも可能に

　農地法第3条の改正によって改正後の要件を満たせば、農業生産法人以外の一般法人も事業実施者となることが可能となりました。

3　農地所有者代理事業の仕組み

① 市町村が農業経営基盤強化促進基本構想に、農地利用集積円滑化事業の実施者、実施地域などに関する事項を記載します。
② 農地利用集積円滑化事業を実施しようとする者は、事業実施地域等を定めた事業規程を作成し、市町村の承認を受ける必要があります。
③ 事業実施地域について他の事業実施者と重複することは原則として認められません。
④ 市町村自らが農地利用集積円滑化事業を実施する場合には、市町村が事業規程を作成することになります。
⑤ 事業実施地域内の農地所有者すべてについて平等の機会を確保するため、事業実施者には、委任の申込みがあった場合は申込みに応ずる義務が課せられます。

4　農地利用集積円滑化事業の成否

　農地利用集積円滑化事業はまず農地集積地を利用して効率的農業経営を追求する事業実施者が現れなければなりません。大手スーパーや居酒屋チェーンなどで既に大規模農業経営に乗り出しているところもありますが、一般法人に門戸が広げられたといってもこれらの事業者が次から次に現れるわけではありません。しかし事業実施者が現れたとしても、

設定された一定の地域の多くの農地所有者が相手を限定しない農地の賃貸に賛同できるかという問題があります。制度改正の結果、農地を賃借する事業実施者との賃貸借契約には中間の農地保有合理化法人がいなくなりますので契約に伴うリスクは直接農地所有者が負う必要があります。農地利用集積円滑化団体に一括して引受けをしてもらうときには事業実施者がまだ決定していないということですから、今後の運用が順調に進むかどうか不透明なところもあります。

5　農地の借入れによる農協による農業経営が可能に（農業協同組合法第11条の31第1項第1号）

農協が農業経営をできるのは次に限定されていました。

① 組合員の委託による農業経営
② 農地保有合理化法人として研修等事業としての農業経営
③ 農業生産法人を子会社として設立し、これによる農業経営

今回の改正では農業協同組合法も改正され、農地の貸借の規制の見直しに伴って、農業協同組合や農業協同組合連合会が、総会における特別決議等の手続を経た上で、農地の農業上の利用の増進を図るため、自ら、農地を借り入れることにより農業経営の事業を行うことが可能となりました。これによって各地でJAなどが事業実施者となれば農地所有者にとって農地賃貸の可能性が大きく広がることになります。

農協が農業経営を行うと組合員と農業経営が競合することになります。経営規模が違いすぎると個人経営の農家はどうしても不利になりますので、総会における特別決議を必要とするとしているわけです。しかし、実際問題として農業後継者がいない例が多くなっている状況の中で、農協がその受け皿とならざるを得ない地域が増えてきているのもまた現実でもあります。

Ⅳ 生産緑地2022年問題とその対応策

14 生産緑地2022年問題とは

問 都市農地の2022年問題といわれますが、どのようなことなのでしょうか。

答 平成4年に三大都市圏の特定市における生産緑地の指定が開始され、26年以上が経過しました。平成4年に指定された生産緑地は、平成34年（2022年）になると、つまり、あと3年余りで生産緑地の買取り申出が可能になります。この生産緑地の所有者が一斉に自治体に買取り申出を行うと、その大半が宅地として市場に放出され、宅地化が急速に進むことや、転用された土地に隣接する農地の営農継続に支障が出ることなどが懸念されるというのが、都市農地の2022年問題です。

1 2022年に生産緑地は一斉に買取りの申出？

平成4年に三大都市圏の特定市において指定された生産緑地は、主たる従事者に「死亡」又は「故障」が生じなければ、平成34年（2022年）以後にならないと買取りの申出をすることができず、結果的に自由に譲渡や有効活用などをすることができません。逆に、今の法律のままですと、平成34年（2022年）以後、三大都市圏の特定市の生産緑地について一斉に買取りの申出がされ、都市農地が急速に宅地化する可能性がありました。

2 東京オリンピック終了後、都市部で大量に宅地が供給されると地価下落？

2020年の東京オリンピック開催やインバウンドによる外国人観光客の大幅増加により都心部の地価が高騰していますが、東京オリンピック開催直前ごろから地価が下落する可能性が指摘されています。万一そう

なれば、その2年後の2022年には生産緑地の買取りの申出が自由にできるようになり、結果として都心部に宅地が大量に供給されることになります。

そうならないようにするため、次のような法改正が行われました。

3 都市農地は宅地化すべきものから都市にあるべきものに

平成27年4月16日に「都市農業振興基本法」が成立し、都市農業の振興に関する基本理念として、①都市農業の多様な機能の適切かつ十分な発揮と都市農地の有効な活用及び適正な保全が図られるべきこと、②良好な市街地形成における農との共存が図られるべきこと、③国民の理解の下に施策が推進されるべきことが明らかにされました。

これにより必要な法制上、財政上、税制上、金融上の措置を講じるよう求められ、平成28年5月13日に「都市農業振興基本計画」が閣議決定されました。都市農業振興基本計画では、都市農地は、これまでの「宅

図表2-12　三大都市圏の特定市における市街化区域内農地面積の推移

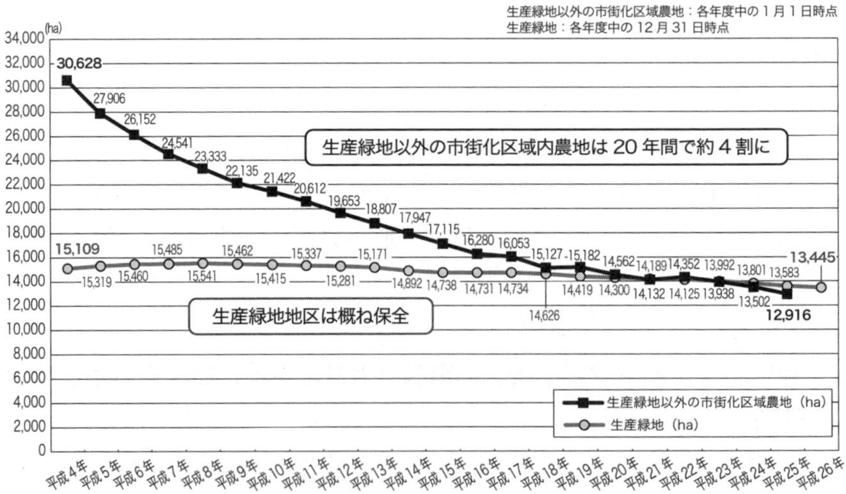

出典：生産緑地以外の市街化区域農地：総務省「固定資産の価格等の概要調書」
　　　生産緑地：国土交通省調べ

IV 生産緑地2022年問題とその対応策

地化すべきもの」から都市に「あるべきもの」へと明確に変更されました。そして、平成29年4月28日に「都市緑地法等の一部を改正する法律」が成立しました。さらに、平成30年度税制改正により、税制面の整備が行われるとともに、平成30年6月20日に「都市農地の貸借の円滑化に関する法律」が成立しました。これらの政策が2022年の生産緑地の一斉買取り申出に備えたものであることは明らかでしょう。

図表2-13　生産緑地指定から30年経過に向けた法改正

```
┌─────────────────────────────────────────────┐
│   1992年（平成4年）以後                         │
│   三大都市圏特定市市街化区域「生産緑地」指定開始   │
└─────────────────────────────────────────────┘
     │
     │     2015年（平成27年）4月16日
     │     「都市農業振興基本法」　成立
     │
     │     2016年（平成28年）5月13日
     │     「都市農業振興基本計画」　閣議決定
     │
     │     2017年（平成29年）4月28日
     │     「都市緑地法等の一部改正法」　成立
     │
     │     2017年（平成29年）6月15日
     │     「都市緑地法等の一部改正法」　一部施行
     │
     │     2018年（平成30年）3月28日
     │     「平成30年度税制改正」　成立
     │
     │     2018年（平成30年）4月1日
     │     「都市緑地法等の一部改正法」　完全施行
     │
     ▼     2018年（平成30年）6月20日
           「都市農地の貸借の円滑化に関する法律」　成立

┌─────────────────────────────────────────────┐
│   2022年（平成34年）以後                        │
│   指定後30年経過により、生産緑地の買取り申出が可能に！ │
└─────────────────────────────────────────────┘
```

15　2022年問題への対応に必要な知識

問　2022年問題に対応する上で、どのようなことを勉強しておく必要がありますか。

答　2022年問題の解消に向け、生産緑地法などの改正が行われています。30年経過を迎える生産緑地については、「特定生産緑地制度」が創設されており、生産緑地の所有者は、その内容を十分把握しておく必要があります。

1　特定生産緑地については今から十分に研究を

　30年経過を迎える生産緑地の特定生産緑地への指定を受けるための意向調査が行われるのは2021年秋です。それまでに十分研究して2021年秋に決めればいいのですが、生産緑地を所有している方が死亡した場合には、死亡から10か月後の相続税の申告の際に相続税の納税猶予の適用を受けるかどうかを決めなければなりません。なお、生産緑地の指定面積の多い「市」においては、国の方針もあり、2019年（平成31年）から特定生産緑地の指定のための手続きを開始します。相続はいつ起こるか誰にもわからないのですから、2021年になってから考えるのではなく、今から十分に研究して万一の時にも慌てないようにしておきたいものです。

2　選択に向けて知っておかねばならないこと

　相続税の納税猶予の適用を受けるかどうかを決めるためには、次のようなことを知っておかないと適切な判断ができないでしょう。

①　特定生産緑地制度のしくみと生産緑地のままであった時の取扱い
②　相続税の納税猶予を受けた場合と受けなかった場合の相続税額の違い
③　特定生産緑地を選択した場合と選択しなかった場合の毎年の固定

資産税の違い
④ 相続税の納税猶予の適用を受けた者が将来死亡したときに相続税の納税猶予の適用ができるのかどうか
⑤ 新しくできる市民農園に生産緑地を貸すと固定資産税と相続税の納税猶予はどうなるのか
⑥ 生産緑地である農地を他人に貸して期限がきたときに返還してもらえるのか
⑦ 相続税を安くするための相続税対策と収入確保のための有効活用はできるのか

3 主な改正の項目

① 都市緑地法の緑地に農地が含まれることに
② 生産緑地の最低面積を市町村が条例で300㎡以上にすることが可能に
③ 生産緑地の運用改善
④ 生産緑地地区に農産物加工所、直売所、農家レストランなどの設置が可能に
⑤ 特定生産緑地制度が創設
⑥ 生産緑地で市町村長の認定による農地の貸借制度（税制連動）の創設
⑦ 生産緑地で特定農地貸付法による市民農園が可能に
⑧ 生産緑地で企業やNPO等による市民農園開設手続きが簡略に

16 都市緑地法等と生産緑地制度の改正

問 2022年問題に対処するため、政府はどのような法改正をしたのですか。

答 都市における緑地の保全及び緑化並びに都市公園の適切な管理を一層推進するとともに、都市内の農地の計画的な保全を図ることにより、良好な都市環境の形成に資するため、平成29年4月28日に「都市緑地法等の一部を改正する法律」が成立しました。都市緑地法のほか、生産緑地法など複数の法律が改正されています。改正法は、平成29年6月15日（一部の規定は平成30年4月1日）から施行されています。改正法は平成29年6月15日（一部の規定は平成30年4月1日）から施行されています。

生産緑地地区内の農地の貸借を円滑にするための都市農地の貸借の円滑化に関する法律については後述します。

1 都市緑地法の緑地に農地が含まれることに

都市には緑が必要であり、これを整備するために緑地保全・緑化推進法人（みどり法人）の指定権限者を知事から市区町村長に変更するとともに、市民緑地認定制度が創設され、緑地に農地が含まれることが明確にされました。

市区町村長が「緑のマスタープラン」を策定し、都市公園の管理方針や農地を緑地として政策に組み込むことができるように改正されました。農地には当然「生産緑地」が含まれ、生産緑地を市民緑地としてみどり法人に無償で貸与することを市町村長が決めることができます。

2 生産緑地の最低面積を市区町村が条例で300㎡とすることが可能に

500㎡とされていた生産緑地の指定最低限の面積について、市町村が条例で300㎡とすることができるようになりました。また、この場合でも従来どおり固定資産税等の農地課税及び相続税・贈与税の農地の納税

猶予制度の適用が可能になるよう税制改正が行われました。

　これによって、500㎡に満たない市街化区域農地を所有する隣り合った農地の所有者が500㎡以上になるように共同で生産緑地申請をしていて、一方に相続が発生して、その相続人が買取りの申出をしたことによって、もう一方の農地までもが生産緑地を解除される事態となるような、いわゆる道づれ解除のようなことは少なくなるものと考えられます。

3　生産緑地の運用改善

　これまでは隣接している面積を合計して500㎡以上の面積でなければ生産緑地の指定を受けることができませんでしたが、500㎡を300㎡に引き下げることが可能となると同時に、市町村が定めた同一又は隣接する街区内に複数の農地がある場合、一団の農地とみなして生産緑地の指定をすることが可能となりました。もっとも、300㎡に引き下げるのは市町村議会において条例で定められないといけませんし、同一又は隣接する街区の設定は各市町村によって定められることになります。

4　生産緑地地区内に農産物加工所、直売所、農家レストランなどの設置が可能に

　生産緑地に農産物加工所、直売所、農家レストランなどの設置が可能になります。都市計画法に新たに田園住居地域が設けられ、その中の生産緑地にこれら農産物加工所、直売所、農家レストランなどを設置することも可能になります。

5　特定生産緑地制度を創設（平成30年4月1日施行）

　指定から30年経過が近く到来する生産緑地について、その経過した日（申出基準日）から10年経過日を新たな期限とする「特定生産緑地」の指定を受けることができることとされました。特定生産緑地の10年の期限が到来する場合に、再指定を受けることも可能となります（図表2-14～17参照）。

図表2-14 みどり法人制度の拡充の概要

	改正前	改正後
名　　称	緑地管理機構	緑地保全・緑化推進法人（みどり法人）
指定権者	都道府県知事	市区町村長
指定対象	・一般社団法人 ・一般財団法人 ・NPO法人	・一般社団法人 ・一般財団法人 ・NPO法人 ・その他の非営利法人（例：認可地縁団体） ・都市の緑地の保全及び緑化の推進を目的とする会社（例：まちづくり会社）

図表2-15 創設された市民緑地認定制度とは

概　要	民有地を地域住民の利用に供する緑地として設置・管理する者が、設置管理計画を作成し、市区町村長の認定を受けて、一定期間当該緑地を設置・管理・活用する制度
対象要件	○対象区域：緑化地域又は緑化重点地区内 ○設置管理主体：民間主体（NPO法人、住民団体、企業等）
認定基準	○周辺地域で良好な都市環境の形成に必要な緑地が不足 ○面積：300㎡以上　○緑化率：20％以上　○設置管理期間：5年以上　等

図表2-16 制度のフロー

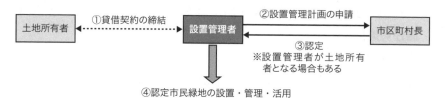

図表2-17 相続発生による買取り申出

図表2-18　生産緑地地区における建築規制の緩和（直売所等を可能に）

改正前

　生産緑地地区内に設置可能な施設は、農林漁業を営むために必要で、生活環境の悪化をもたらすおそれがないものに限定

【設置可能な施設】
①生産又は集荷の用に供する施設
　ビニールハウス、温室、育種苗施設、農産物の集荷施設　等
②生産資材の貯蔵又は保管の用に供する施設
　農機具の収納施設、種苗貯蔵施設　等
③処理又は貯蔵に必要な共同利用施設
　共同で利用する選果場　等
④休憩施設その他
　休憩所（市民農園利用者用を含む）、農作業講習施設　等

「国家戦略特区における追加の規制改革事項等について」（H28.3国家戦略特区諮問会議）

…農業の6次産業化の一層の推進等のため、都市農業が営まれる生産緑地地区においても…農家レストラン等の設置を可能とすることを検討し、早期に結論を得る。

参考：隣接する生産緑地の所有者が経営するレストランイメージ（練馬区）

改正後

　営農継続の観点から、新鮮な農産物等への需要に応え、農業者の収益性を高める下記施設を追加。

【追加する施設】
①生産緑地内で生産された農産物等を主たる原材料とする製造・加工施設
②生産緑地内で生産された農産物等又は①で製造・加工されたものを販売する施設
③生産緑地内で生産された農産物等を主たる材料とするレストラン

※生産緑地の保全に無関係な施設（単なるスーパーやファミレス等）の立地や過大な施設を防ぐため、省令で下記基準を設ける。
・残る農地面積が地区指定の面積要件以上
・施設の規模が全体面積の20％以下
・施設設置者が当該生産緑地の主たる従事者
・食材は、主に生産緑地及びその周辺地域（当該市町村又は都市計画区域）で生産

17 特定生産緑地制度の創設

問 指定から30年経過する生産緑地は、新たに「特定生産緑地」の指定ができるのですか。

答 指定から30年経過した生産緑地については、「特定生産緑地」として10年経過ごとに延長するか指定を解除するか選択できることになりました。特定生産緑地の指定をした農地については、10年の期間が経過するまでの間は主たる営農者が死亡するかケガや病気で故障として認定されない限り特定生産緑地の解除をすることができません。

1 特定生産緑地の指定

市町村長は、申出基準日（生産緑地の指定から30年経過した日）が近く到来することとなる生産緑地のうち、その周辺の地域における公園、緑地その他の公共空地の整備の状況及び土地利用の状況を勘案して、申出基準日以後においてもその保全を確実に行うことが良好な都市環境の形成を図る上で特に有効であると認められるものを、「特定生産緑地」として指定することができます。

なお、特定生産緑地の指定は、申出基準日までに行うものとされています。また、その指定の期限は、「申出基準日から起算して10年を経過する日」となります。

指定の際は、あらかじめ所有者の意向を確認した上で、生産緑地に係る農地等利害関係人の同意を得るとともに、市町村都市計画審議会の意見を聴かなければなりません。

市町村長は、指定をしたときは、その特定生産緑地を公示するとともに、その旨をその特定生産緑地に係る農地等利害関係人に通知しなければなりません。

2　特定生産緑地の指定の期限の延長

　市町村長は、申出基準日から起算して10年を経過する日が近く到来することとなる特定生産緑地について期限後においても指定を継続する必要があると認めるときは、その指定の期限を延長することができます。その延長に係る期限が経過する日以後においても更に指定を継続する必要があると認めるときも、同様に延長することができます（再延長）。

　期限の延長は、申出基準日から起算して10年を経過する日（「指定期限日」といいます。）までに行うものとし、その延長後の期限は、その指定期限日から起算して10年を経過する日となります。

3　特定生産緑地の指定の提案

　生産緑地所有者は、生産緑地が1に規定する生産緑地に該当すると思われるときは、市町村長に対し、その生産緑地を特定生産緑地として指定することを提案することができます。なお、生産緑地所有者以外の農地等利害関係人がいるときは、あらかじめ、その全員の合意を得なければなりません。

　市町村長は、その提案に係る生産緑地について指定をしないこととしたときは、遅滞なく、その旨及びその理由を、提案者に通知しなければなりません。

4　指定の解除

　市町村長は、特定生産緑地について、その周辺の地域における公園、緑地その他の公共空地の整備の状況の変化その他の事由によりその指定の理由が消滅したときは、遅滞なく、その指定を解除しなければなりません。

図表2-19　生産緑地と特定生産緑地の関係図

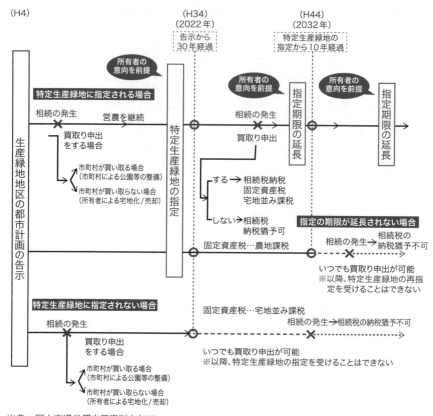

出典：国土交通省都市局資料を加工

図表2-20　特定生産緑地の指定の流れ

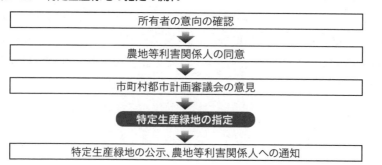

18 田園住居地域の創設

問 都市計画区域として新たにできた「田園住居地域」について教えてください。

答 都市計画法及び建築基準法が改正され、新たな用途地域の一つとして「田園住居地域」の創設が行われました。

1 「田園住居地域」創設の趣旨
住宅と農地が共存し、両者が調和して良好な居住環境と営農環境を形成している地域を、あるべき市街地として位置づけられました。その実現のため、都市計画法及び建築基準法が改正されました。

2 田園住居地域の開発規制
田園住居地域においては、次のような開発規制と建築規制が行われます。

図表2-21　用途地域の種類

住居系	第一種低層住居専用地域	商業系	近隣商業地域
	第二種低層住居専用地域		商業地域
	第一種中高層住居専用地域	工業系	準工業地域
	第二種中高層住居専用地域		工業地域
	第一種住居地域		工業専用地域
	第二種住居地域		
	準住居地域		
	田園住居地域		

図表2-22　田園住居地域の開発規制

① 現況農地における次の行為を市町村長の許可制とする。
　・土地の造成
　・建築物の建築
　・物件の堆積
② 駐車場・資材置き場のための造成や土石等の堆積を規制対象とする。
③ 市街化環境を大きく改変するおそれがある政令で定める一定の広さ（300㎡）以上の開発等は原則不許可とする。

図表2-23　田園住居地域の建築規制

■用途規制

① 低層住居専用地域に建築可能なもの
　・住宅、老人ホーム、診療所など
　・日用品販売店舗、食堂・喫茶店、サービス業店舗など（150㎡以内）
② 農業用施設
　・農業の利便増進に必要な店舗・飲食店等（500㎡以内）
　　例：農産物直売所、農家レストラン、自家販売用の加工所等
　・農産物の生産・集荷・処理または貯蔵に供するもの
　・農産物の生産資材の貯蔵に供するもの
　　例：農機具収納施設等

■形態規制

低層住居専用地域と同様
容積率：50〜200％
建ぺい率：30〜60％
高さ：10又は12m
外壁後退：都市計画で指定された数値
※低層住居専用地域と同様の形態規制により、日影等の影響を受けず営農継続が可能です。

19 原則として貸付農地は相続税の納税猶予対象外

問 都市農地を貸し付けた場合、原則として相続税の納税猶予は適用できないのでしょうか。

答 農地等に係る相続税の納税猶予は、第3部第4章5（209頁）のような条件を満たす場合に限って適用できますが、それら以外にも注意すべき点があります。

1 相続税の申告期限までの円満な相続による農地の取得が条件

相続税の納税猶予を受けようとする相続人は、相続税の申告期限までに円満に農地を取得し、農業経営を開始していなければなりません。被相続人が遺言書で「農地はすべて相続人Aに相続させる」と書いておいてくれれば問題ないのですが、遺言書がなく、相続人間で財産の分割協議が整わず、相続税の申告期限までに農業委員会の証明書の交付を受けることができなければ相続税の納税猶予の適用を受けることができません。相続税の納税猶予の適用を受けることができるかどうかは、税負担に大きな影響があります。遺言書を残しておくことが非常に大きな相続対策になります。

2 貸し付けている農地の取扱い

いわゆる小作農地は、営農をしている耕作者と農地所有者が異なります。ここでいう小作農地は農業委員会の農地台帳に掲載されている耕作者と農地所有者が異なるものをいいます。相続税の納税猶予は、農業を営んでいた被相続人から相続又は遺贈によりその農地を取得し、引き続き耕作を続けている者に適用されますので、耕作権を保有する耕作者の側に納税猶予を適用することが可能ですが、その農地の所有者側には適用することができません。

市街化区域以外の農地については、農業経営基盤強化促進法による貸

付け（特定貸付）をしている農地に限り、農地所有者が耕作をしていなくても相続税の納税猶予の適用を受けることが可能となっています。しかし、市街化区域では平成30年度の税制改正まで貸付農地に対する相続税の納税猶予の適用は認められていませんでした。

3　終身営農と20年免除

　相続税の納税猶予の適用を受けることができる場合でも、適用開始から20年が経過すると納税猶予税額の全額について免除される場合と、適用を受けている農業後継者が死亡するまで免除されない終身営農となる場合があります。平成30年度税制改正において一部改正され、211頁の図表4-8のように三大都市圏の特定市以外の市街化区域内の農地で、生産緑地以外の農地の納税猶予のみが20年で免除となります。

　この取り扱いは平成30年9月1日以後の相続又は遺贈により取得した特例農地等に係る相続税について適用されます。

4　特定生産緑地と田園住居地域内の農地

　平成30年度税制改正において、特定生産緑地である農地等と三大都市圏の特定市の田園住居地域内の農地についても納税猶予の適用対象とされました。

20　市街化区域の農地は貸すことは困難だった

問　都市農地を貸せば、期限が来ても返却が困難になるのでしょうか。

答　農地等を賃貸借すると、借りた側に権利が発生し、法定更新と解約制限がかり、農地所有者にとって不利になる可能性があります。都市農地を守るという政策方針に対応するため、都市農地の貸借の円滑化に関する法律が創設されました。

1　改正前の農地の賃貸借に関する取扱い

①　賃貸借の法定更新（農地法第17条）

農地法第17条では、農地を賃貸借した場合について、期間満了の1年前から6か月前までの間に更新しない旨の通知をしないときは従前と同一条件でさらに賃貸借をしたものとみなすという法定更新制度が規定されています。この通知を行うには都道府県知事の許可が必要となっています。市街化区域以外の農地等については、これらの例外として取り扱われる農用地利用集積計画による利用権、農用地利用配分計画による賃借権などがあります。

②　解約制限（農地法第18条）

農地法第18条では、農地の賃貸借について、解除、解約の申入れ、更新拒絶の通知をする場合、原則として都道府県知事又は政令指定都市の市長の許可が必要とされており、許可を受けずにした解約等の行為は無効とされています。

ただし、農地中間管理機構が、都道府県知事の承認を受けて賃貸借の解除を行う場合などは例外です。

図表2-24

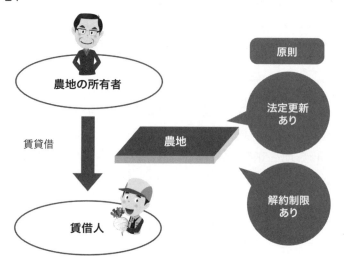

図表2-25　賃貸借の法定更新等

①　法定更新(農地法第17条)	②　解約制限(農地法第18条)
農地等の賃貸借について、期間満了の1年前から6か月前までの間に更新をしない旨の通知(通知を行うためには知事の許可が必要)をしないときは、**従前と同一条件でさらに賃貸借をしたものとみなす**	農地等の賃貸借について、解除、解約の申入れ、更新拒絶の通知は、**知事の許可(政令指定都市は市長の許可)※が必要**。許可を受けずにした解約等の行為は、無効。 ※知事は、賃借人の信義則違反等、限られた場合でなければ、許可をしてはならない。

 例外　　　　　　　　　　　　　　 例外

農用地利用集積計画や**農用地利用配分計画**により設定又は移転された利用権や賃借権は法定更新なし	農地中間管理機構が都道府県知事の承認を受けて賃借権の解除を行う場合などについては解約制限の例外

都市農地については適用されない

21 市街化区域の農地に貸付制度が創設

問 都市農地の貸付けが容易になり、貸付生産緑地にも相続税の納税猶予が認められるのですか。

答 都市に農地を残し保全すべきであるという政策方針への変更に伴い、都市農地を他者に貸借しやすいように法改正をしようとする法律が「都市農地の貸借の円滑化に関する法律」です。この法律によって、生産緑地である農地を貸借することにリスクがなくなり、税制上の有利な取扱いを受けることができるようになりました。

1 法定更新が適用されない貸借が可能に

「都市農地の貸借の円滑化に関する法律」に基づいて、一定の条件を満たし、一定の手続を経て農地を賃貸借すると農地法第17条の法定更新が適用されないこととされます。これによって生産緑地を市民農園などとする目的で賃貸借することが容易になりました。

2 市町村の基準を満たす計画を提出して認定を受ける

まず、農地を借りて農業経営や市民農園の運営をしようとする者が、市町村に事業計画を提出します。市町村は、次のような基準に適合しているかどうかを確認して適合していれば認定します。農業委員会は計画どおりに耕作の事業を行っていない場合などにおいては、勧告・認定取消しの決定を行うことになります。

① 都市農業の機能の発揮に特に資する基準に適合する方法により都市農地において耕作を行うか
(例)・生産物の一定割合を地元直売所等で販売
　　・都市住民が農作業体験を通じて農作業に親しむ取組み
② 農地のすべてを効率的に利用するか

3　農地所有者と都市農業者等で生産緑地の賃貸借契約

　都市農業者が市町村から認定を受けると、その後に事業計画に従って賃貸借契約を行います。これによって農地法の特例の適用を受け、賃貸借契約の期間終了後には、農地は所有者に返還されます。

4　貸し付けた生産緑地にも相続税の納税猶予が適用

　平成30年度税制改正において、次のような「都市農地の貸借の円滑化に関する法律」などに基づいて生産緑地を貸し付けている場合においても、相続税納税猶予の適用を受けることができるようになりました。
① 　都市農地の貸借の円滑化に関する法律に規定する認定事業計画に基づく貸付け
② 　都市農地の貸借の円滑化に関する法律に規定する特定都市農地貸付けの用に供されるための貸付け
③ 　特定農地貸付けに関する農地法等の特例に関する法律（以下「特定農地貸付法」という。）の規定により地方公共団体又は農業協同組合が行う特定農地貸付けの用に供されるための貸付け
④ 　特定農地貸付法の規定により地方公共団体及び農業協同組合以外の者が行う特定農地貸付け（その者が所有する農地で行うものであって、都市農地の貸借の円滑化に関する法律に規定する協定に準じた貸付協定を締結しているものに限る。）の用に供されるための貸付け

5　農地を借り受ける条件

　生産緑地の貸付けについては、次のような要件のうち、どれか一つを満たす必要があります。
① 　生産されている農産物や加工品を、地元や隣接する市町村、都市計画区域内で販売する
② 　農業体験や品評会などの都市住民の交流を図る取組みを実施する
③ 　市町村の農業試験や新規就農者の研修のために農地を活用する
④ 　災害発生時、農地を一時的な避難場所として提供することなどを

決めた協定を地方自治体などと結ぶ
⑤ 減農薬の取組みを行うなど、環境に配慮した農業を行う
⑥ 地域の特産品の生産など都市農業の振興を図る

図表2-26 都市農地の貸借の円滑化のための措置

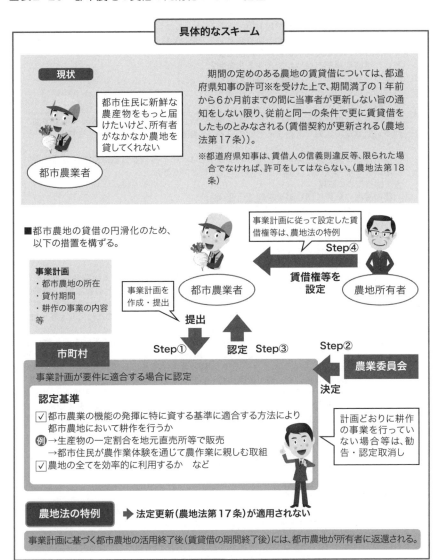

図表2-27　事業計画の認定要件のうち都市農業の有する機能の発揮に特に資する耕作の事業の内容に関する基準

	基準 （次の1、2のいずれにも該当すること）	備考
1	次のイからハまでの<u>いずれか</u>に該当すること。	基準の運用に当たっては、農業者の意欲や自主性を尊重し、地域の実情に応じた多様な取組を行うことができるように配慮が必要。
	イ　申請者が、申請都市農地※において生産された農産物又は当該農産物を原料として製造され、若しくは加工された物品を<u>主として当該申請都市農地が所在する市町村の区域内若しくはこれに隣接する市町村の区域内又は都市計画区域内において販売</u>すると認められること。	「主として」とは、金額ベース又は数量ベースで概ね5割を想定。
	ロ　申請者が、申請都市農地において次に掲げる<u>いずれか</u>の取組を実施すると認められること。 ①　都市住民に<u>農作業を体験</u>させる取組並びに申請者と都市住民及び都市住民<u>相互の交流</u>を図るための取組 ②　都市農業の振興に関し必要な<u>調査研究</u>又は<u>農業者の育成及び確保</u>に関する取組	①は、いわゆる農業体験農園、学童農園、福祉農園及び観光農園等の取組を想定。 ②は、都市農地を試験ほや研修の場に用いること等を想定。
	ハ　申請者が、申請都市農地において生産された農産物又は当該農産物を原料として製造され、若しくは加工された物品を<u>販売</u>すると認められ、かつ、次に掲げる要件のいずれかに該当すること。 ①　申請都市農地を災害発生時に一時的な避難場所として提供すること、申請都市農地において生産された農産物を災害発生時に優先的に提供することその他の防災協力に関するものと認められる事項を内容とする<u>協定を地方公共団体その他の者と締結</u>すること。 ②　申請都市農地において、<u>耕土の流出の防止</u>を図ること、化学的に合成された農薬の使用を減少させる栽培方法を選択することその他の国土及び環境の保全に資する取組を実施すると認められること。 ③　申請都市農地において、<u>その地域の特性に応じた作物を導入</u>すること、<u>先進的な栽培方法を選択</u>することその他の都市農業の振興を図るのにふさわしい農産物の生産を行うと認められること。	①は、農地所有者が防災協力農地として協定を結んでおり、その農地で借り手も同様の協定を締結することを想定。 ②は、耕土の流出や農薬の飛散防止等を行う取組（防風・防薬ネットの設置等）、無農薬・減農薬栽培の取組、水田での待避溝の掘り下げによる水生生物保護のための取組等を想定。 ③は、自治体や農協等が奨励する作物や伝統的な特産物等を導入する取組、高収益・高品質の栽培技術を取り入れる取組、少量多品種の栽培の取組等のほか、従来栽培されていない新たな品種や作物の導入等のその地域の農業が脚光を浴びる契機となり得る取組を想定。（都市農業のPRに資するような幅広い取組を認めることが可能）
2	申請者が、申請都市農地の<u>周辺の生活環境との調和のとれた当該申請都市農地の利用を確保</u>すると認められること。	農産物残さや農業資材を放置しないこと、適切に除草すること等を想定。

※「申請都市農地」とは、事業計画の認定の申請に係る都市農地をいう。

22　生産緑地を貸し付けた場合の相続税の納税猶予適用

問　生産緑地を貸し付けた場合の相続税の納税猶予の適用の条件について教えてください。

答　相続税の納税猶予の適用を受けている農業相続人が、特例適用農地について一定の貸付を行った場合でも、貸付都市農地としてその相続税の納税猶予の継続適用が可能となる特例が創設されました。

1　貸付都市農地等は生産緑地に限る

適用対象は生産緑地内の農地等に限られ、特定生産緑地の指定を行われたものを含み、買取申出されたものは除かれます。貸付を行った日から2か月以内に納税地の所轄税務署長に届出書を提出しなければなりません。

2　認められる貸付

貸付都市農地等として認められるのは次の貸付です。
(1)　賃借権又は使用貸借による権利の設定により、都市農地の貸借の円滑化に関する法律第7条第1項第1号に規定する認定事業計画の定めるところにより行われる認定都市農地貸付で、猶予適用者が市町村長の認定を受けた認定事業計画に基づき他の農業者に直接農地を貸付ける場合です。
(2)　農園用地貸付として次の3つがあります。
　①　特定農地貸付法の承認を受けた地方公共団体又は農業協同組合が農業委員会の承認を受けて開設する市民農園の用に供するため、これらの開設者との間で締結する賃借権その他の使用及び収益を目的とする権利の設定に関する契約をして農地を貸付ける場合。
　②　特定農地貸付法の承認を受けた地方公共団体又は農業協同組合以外の者が行う特定農地貸付法に基づき、納税猶予適用者である農地所有者が農業委員会の承認を受けて市民農園を開設し、納税

猶予適用者が特定農地貸付法の貸付規定者に基づき利用者に直接農地を貸し付ける場合。

③　特定農地貸付法の承認を受けた地方公共団体又は農業協同組合以外の者が行う、農業委員会の承認を受けて市民農園を開設する市民農園の用に供するため、納税猶予適用者である農地所有者が開設者との間で締結する賃借権その他の使用及び収益を目的とする権利の設定に関する契約をして農地を貸し付ける場合。

3　納税猶予適用中の者が貸付けても猶予継続

すでに納税猶予の適用中の農業後継者が、適用中の生産緑地について、認定都市農地貸付又は農園用地貸付を行っても一定の手続きを行えば相続税納税猶予の適用を継続することができます。

4　生産緑地の貸付に対応する主たる従事者の改正

土地所有者等の死亡により生産緑地の買取り申出を行うためには、その者が主たる従事者であることについての農業委員会の証明が必要となりますが、貸し付けた場合、124頁の要件のままだと土地所有者等が主たる従事者と見なされないため、買取り請求が出来ず、生産緑地の規制も解除されないという不合理が生じます。

そのため、都市農地の貸借の円滑化に関する法律の制定に合わせて制度改正が行われ（施行規則改正）、この法律による事業計画認定を受けた貸付、特定都市農地貸付及び特定農地貸付については、「主たる従事者が生産緑地に係る農林漁業の業務に1年間従事した日数の1割」の従事で主たる従事者と認められることとなりました。

この1割にカウントされる内容としては、貸借した生産緑地縁辺部の見回り、除草、周辺住民からの相談、市民農園利用者への技術指導等が考えられ、農林漁業の業務内容を事業計画書等に記入し、業務に従事することが求められます。

図表2-28　特定農地貸付法による市民農園開設

1　特定農地貸付法による市民農園開設

①地方公共団体及び農業協同組合の場合

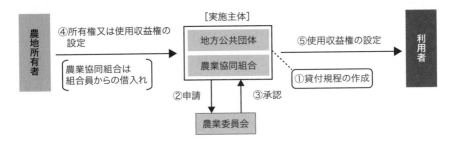

②地方公共団体及び農業協同組合以外で**農地を所有している者**の場合（農家等）

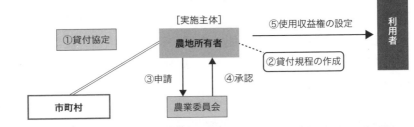

2　都市農地の貸借の円滑化に関する法律による市民農園開設（特定都市農地貸付け）

地方公共団体及び農業協同組合以外で**農地を所有していない者**の場合

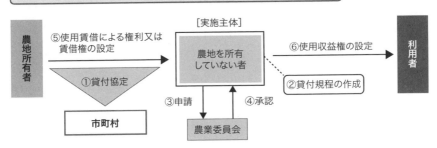

23 都市農地の貸付特例の場合の猶予税額の免除の取扱い

問 都市農地を貸し付けた場合の相続税の納税猶予の適用期限はどうなるのでしょうか。

答 都市農地を貸し付けた場合に相続税の納税猶予の適用を受けると、終身営農となり、20年営農による免除規定の適用はありません。20年営農による免除規定は平成30年1月1日以後の相続又は遺贈による取得から、三大都市圏の特定市以外の市街化区域の農地等で生産緑地以外のものしか適用がありません。

都市農地の貸付は、都市農地貸付法の施行日以後の生産緑地の貸付けから適用が開始されます。それ以前に相続が開始して納税猶予の適用を受けている場合でも、生産緑地について都市農地貸付法の施行日以後に都市農地貸付を行うことが可能ですが、その場合には、仮に20年免除の適用を受けていた場合であっても、終身営農となりますので注意が必要です。

第3部

都市農地の税務編

第1章
農地に係る固定資産税

1　農地の固定資産税の課税区分と評価

問　農地の固定資産税はどのように課税されるのでしょうか。

答　**1　農地の固定資産税課税上の区分**（固定資産評価基準第1章第2節）
　農地とは田と畑の総称ですが、固定資産税の課税上の評価では農地を「一般農地」、「宅地等介在農地」及び「市街化区域農地」の3つに分類しています。図表2−10（133頁）の区分にはない「宅地等介在農地」に注意が必要です。
(1)　**一般農地**　固有の定義はありませんが、農地のうち宅地等介在農地と市街化区域農地を除いたものをいいます。
(2)　**宅地等介在農地**　宅地等介在農地とは、次に掲げるものをいいます。
　①　農地法第4条第1項及び第5条第1項の規定によって、田及び畑以外のもの（以下「宅地等」という）への転用に係る許可を受けた田・畑
　②　宅地等に転用することについて、農地法第4条第1項又は第5条第1項の規定による許可を受けることを必要としない田・畑で宅地等への転用が確実と認められる田・畑
　③　その他の田・畑で宅地等への転用が確実と認められる田・畑
　なお、宅地等に転用するために耕作がなされず放置されているとか、一部宅地化のための土盛りが行われているという外見的に明らかな事実によって認定されるべきものであり、田・畑の仮の囲障が設けられたという程度の事実をもって、宅地等への転用が確実とすることは適当ではないとされています。

(3) **市街化区域農地** 原則として市街化区域内の農地をいいますが、次のような農地が除かれます（地方税法附則第19条の2第1項）。
① 生産緑地地区内の農地→一般農地
② 都市計画施設として定められた公園、緑地又は墓園の区域内の農地で一定のもの
③ 古都における歴史的風土の保存に関する特別措置法、都市緑地保全法、文化財保護法による区域内の農地
④ 地方税法第348条により非課税とされる農地

2 農地の具体的評価方法

評価基準では、「田及び畑の評価は、各筆の田及び畑について評点数を付設し、当該評点数を評点一点当たりの価額に乗じて各筆の田及び畑の価額を求める方法によるものとする」とされています。

(1) **一般農地：農地評価**

農地を農地として利用する場合における売買価額を基準として評価した価額を算出することとしていますが、実際上は非常に複雑で、次のような流れで評価することとされています。

図表1-1　評価基準に定める評価方法のフロー図

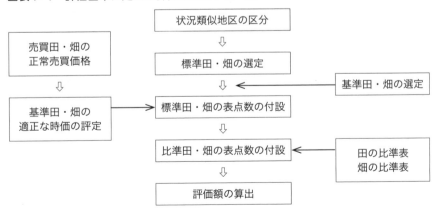

出典：MIA協議会固定資産評価システム部会編『実践　固定資産税　土地評価実務テキスト』（ぎょうせい）144頁

(2) 宅地等介在農地：宅地並み評価

　外見上農地としての形態を留めているが、実質的には宅地等としての潜在的価値を有していると考えられ、これを農地と同様に生産力条件に着目して評価することは不合理であり、かつ、宅地等との間に不均衡が生じないよう評価を行うものとしています。

(3) 市街化区域農地：宅地並み評価

　市街化区域農地は、一般の農地と異なり、いつでも宅地に転用することができ、さらに近い将来宅地化されることが予想される農地であり、市街化区域の農地は宅地としての潜在的価値を有している土地ということができます。市街化区域農地の評価は、原則的に宅地の評価方法によることとしながら、実情に応じてある程度弾力的に運用できるよう、宅地の評価方法の一部を適用しないことができることとしています。また、適用する場合においても「画地計算法」の附表若しくは「宅地の比準表」に所要の補正をして、これを適用することができることとされています。基本価額から「通常必要と認められる造成費に相当する額」を控除することになりますが、全国の市町村を通じて一律に定めることは、造成費の実態が地域、土質等によって様々である実情から適当でないので、その具体的金額は所在する地域、地勢、用途等の影響を受けることとなり、必然的に市町村ごとに様々なものとなるため実情に応じて算定することとされています。

2 市街化区域農地の評価の実際

市街化区域の農地はどのように評価されているのですか。

図表1-2 市街化区域農地の評価の仕組み図

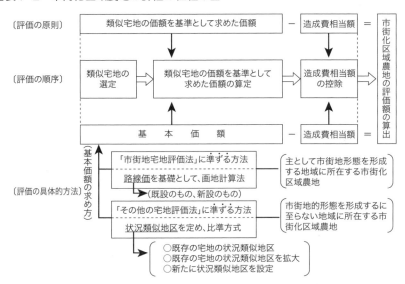

出典：固定資産税務研究会編『固定資産評価基準解説（土地編）』（一般財団法人地方財務協会）128頁

 1 市街化区域農地の評価は上の図の流れに沿って行うことになります。
(1) 当該市街化区域農地とその状況が類似する宅地（類似宅地）を選定
(2) 当該類似宅地の単位当たり価額を基準として求めた価額を算定
(3) 当該市街化区域農地を宅地に転用する場合において通常必要と認められる単位当たり造成費相当額を求める。
(4) (2)から(3)の造成費相当額を控除して市街化区域農地の単位当たり価額を求める。
(5) (4)に市街化区域農地の地積を乗じて評価額を算出
市街化区域農地の基本価額は、宅地の評価方法に準ずる方法によりま

す。主として市街地的形態を形成している地域内に所在する市街化区域農地については「市街地宅地評価法」に準ずる方法により、主として市街地的形態を形成するに至らない地域内に所在する市街化区域農地については「その他の宅地評価法」によって評価することになります。

2　標準的造成費

　市町村が造成費を算定するに当たっての参考資料として、標準的造成費が総務省自治税務局資産評価室長通知において示されています。平成20年10月3日付「市街化区域農地の評価に用いる「通常必要と認められる造成費に相当する額」について」という通知には、次のような数値が記入されています。なお、通知には「当該造成費につきましては、地域、地形、土質又は面積の大小等によりその額が異なるものと考えられますので、別紙積算条件等（本書では記載していません）を参考に、地域の実情を反映した適正な造成費の算出に努めるよう」としています。

図表1-3　農地を宅地に転用するために要する標準的造成費

1　平坦地の場合

盛土の高さ	土盛整地費 (A)	擁壁費 (B)	法止・土止費 (C)	合計 (A+B+C)	H21.1.1 / H18.1.1	1平方メートル当たり
cm	千円	千円	千円	千円	倍	円
30	234	790	24	1,048	0.97	2,100
50	379	1,005	40	1,424	0.97	2,900
70	521	1,219	57	1,797	0.98	3,600
100	695	2,183	81	2,959	1.25	6,000
150	998	2,816	121	3,935	1.21	7,900
200	1,271	3,449	161	4,881	1.18	9,900

出典：固定資産税務研究会編『前掲書』140頁

2　傾斜地の場合

切土整地費 (A)	擁壁費 (B)	法止・土止費 (C)	合計 (A+B+C)	H21.1.1 / H18.1.1	1平方メートル当たり
50千円	2,528千円	161千円	2,739千円	1.39	5,500円

出典：上掲書141頁

3 農地に係る固定資産税

問 一般農地と市街化区域農地の農地課税の違いについて教えてください。

答

1 農地の区分と評価及びその課税

農地の区分は**1**（166頁）でまとめたとおりですが、その区分に応じて評価された上で課税が行われます。実際に税率を乗じて固定資産税を計算することになりますが、その区分に応じて農地課税、農地に準じた課税及び宅地並み課税されます。

図表1–4　農地の区分に応ずる課税方式

農地の区分	一般農地[※4]	市街化区域農地	
		一般市街化区域農地	特定市街化区域農地[※3]
評　価	農地評価[※1]	宅地比準評価[※2]	宅地並み評価
課　税	農地課税	農地に準じた課税	宅地並み課税
税額の求め方	イ又はロのいずれか少ない額×税率 イ：当該年度の農地評価額 ロ：前年度の課税標準額×負担調整率[※5]	イ又はロのいずれか少ない額×税率 イ：当該年度の宅地並評価額×1/3 ロ：前年度の課税標準額×負担調整率[※5]	175頁図表1–6を参照ください

※1　農地評価とは、農地を農地として利用する場合における売買価額を基準として評価した価額をいいます。
※2　宅地比準評価とは、その市街化区域農地と状況が類似する宅地（類似宅地）の価格に比準する価格によって評価した価額をいいます。
※3　特定市街化区域農地とは、東京都の特別区及び首都圏、近畿圏、中部圏の既成市街地、近郊整備地帯などに所在する市（具体的には111頁の表に掲げる市）の市街化区域にある農地をいいます。
※4　一般農地とは、生産緑地である農地及び市街化区域農地以外の農地をいいます。
※5　172頁図表1–5参照

出典：固定資産税務研究会編『前掲書』57頁

(1) 一般農地は農地課税

一般農地の評価方法は（167頁）のとおりですが、地域や場所、その状況によっても異なり、今後も農地として使用していくことを前提としています。その農地が農地として取引されることを前提としているため、

一般的に固定資産税評価額が非常に低くなっています。

(2) 一般市街化区域農地は宅地に準じた課税

市街化区域の農地の評価は（168頁）にまとめたとおり宅地並みに評価されるのですが、市街化区域農地のうち三大都市圏の特定市の市街化区域以外の農地を一般市街化区域農地といいます。市街化区域においては農地を宅地に転用するのに許可は不要で、届出のみでいつでも可能ですが、一般市街化区域農地は農地として利用している限りは農地に準じた課税をすることとされています。

2　一般農地の税額の求め方（地方税法第350条、附則第19条）

一般農地の固定資産税は農地として評価された固定資産税評価額に標準税率で1.4％を乗じて計算します。土地に対する固定資産税の税率は市町村が決めますが、標準税率として1.4％が定められています。固定資産税評価額に直接税率を掛けて計算される場合と地価高騰時に急激な税額の増加を抑えるために導入された「負担調整措置」により計算される場合があります。そこで税率を掛ける評価額のことを「課税標準」ということになっています。図表1-4にありますように、その年度の農地評価額と前年の課税標準額×一般農地の負担調整率とのいずれか少ない方に税率を掛けて計算されることになります。「一般農地の負担調整率」は、前年度の課税標準額のその年度の評価額に対する割合に応じて図表1-5によります。

図表1-5　一般農地の負担調整率

負担水準	負担調整率
90％以上	1.025
80％以上　90％未満	1.05
70％以上　80％未満	1.075
70％未満	1.1

＊負担水準＝前年度の課税標準額÷その年度の評価額

3　一般市街化区域農地の税額の求め方

　一般市街化区域農地の評価額は「宅地並み評価」なのですが、特定市街化区域農地に比べると非常に低いのが実情です。税額の求め方は特定市街化区域農地と同じなのですが、課税の段階で「農地に準じた課税」とされていることもあり、評価が低くなっています。負担調整措置が行われていますので、その年度の低めに設定されている宅地並み評価額×3分の1と前年の課税標準額×一般農地の負担調整率とのいずれか少ない方に税率を掛けて計算されることになります。標準税率は1.4％と一般農地と同じです。

　しかし、市街化区域ですので都市計画税が別途課税されます。その年度の低めに設定されている宅地並み評価額×3分の2と前年の課税標準額×一般農地の負担調整率とのいずれか少ない方に0.3％以下の税率（市町村によって異なります）を掛けて計算されることになります。「一般農地の負担調整率」は、図表1-5と同じものが適用されます。

　なお、生産緑地の指定を受けた農地に係る固定資産税は農地課税となりますので、市街化調整区域農地と同様非常に低い固定資産税となります。市街化区域ですので生産緑地であっても金額はわずかですが、都市計画税が課されます。

4 特定市街化区域農地の評価と課税

問 三大都市圏の特定市街化区域の農地に対する固定資産税の課税はどのようになっていますか。

答

1 特定市街化区域農地の評価は宅地並み（地方税法附則第19条の2）

「図表1-2 市街化区域農地の評価の仕組み図」（169頁）にありますように、特定市街化区域農地は「主として市街地的形態を形成する地域に所在する市街化区域」であるため、市街地の宅地の評価方法である路線価を基礎として評価されます。これをいわゆる「宅地並み課税」というわけです。特定市街化区域以外の市街化区域では「市街地的形態を形成するに至らない地域に所在する市街化区域農地」として宅地比準方式によって評価されるため、比較的低い評価となるわけです。

2 特定市街化区域農地でも生産緑地は農地課税

三大都市圏の特定市の市街化区域の農地を特定市街化区域農地といい、その固定資産税は宅地並みに評価され、宅地並みに課税されますが、生産緑地の指定を受けた農地については農地課税されるため非常に低い固定資産税となります。なお、市街化区域ですので生産緑地であっても金額的にはわずかですが都市計画税が課税されます。

3 特定市街化区域農地を農地として利用していれば3分の1に

平成5年1月1日現在特定市街化区域に所在する農地を平成5年度適用特定市街化区域農地といい、農地として利用していればその年の評価額の3分の1と前年の課税標準額×一般農地に適用される負担調整率のいずれか少ない額に1.4%の税率を乗じて固定資産税が計算されます。特定市街化区域であっても農地として利用していれば固定資産税は宅地の3分の1で済むということです。なお、都市計画税も同様に計算しますが、その年の評価額の3分の1が3分の2とされ、通常0.3%の税率で

課税されます。税率が多少低い市町村もあるようです。

図表1-6　特定市街化区域農地の税額の求め方

対象農地	税額の求め方
①平成5年の賦課期日（平成5年1月1日）に所在する特定市街化区域農地 （これを平成5年度適用市街化区域農地といいます。）	次のイ又は口のうちいずれか少ない額になります。 イ．評価額×1/3×税率 ロ．前年度の課税標準額 × 一般農地に適用される負担調整率 × 税率
②平成5年度適用市街化区域農地以外の特定市街化区域農地 （新たに課税の適正化措置の対象となるもの）	（新たに課税の適正化措置の対象となったものの場合） 次のイ又は口のうちいずれか少ない額になります。 イ．評価額×1/3×次の表に掲げる率×税率 表 | 年度 | 初年度目 | 2年度目 | 3年度目 | 4年度目 | |---|---|---|---|---| | 率 | 0.2 | 0.4 | 0.6 | 0.8 | ロ．(前年度の課税標準額 + 当該年度の評価額×1/3×5%)×税率

②のロについては、以下の範囲に限定。
上限＝（当該年度の評価額×1/3）×8/10×税率
下限＝（当該年度の評価額×1/3）×2/10×税率
　また、負担水準＝前年度の課税標準額（軽減率適用前）÷（当該年度の評価額×1/3）が0.8以上の農地の固定資産税は前年度の税額となります（税負担据置）。

出典：固定資産税務研究会編『前掲書』5頁

4　新たに特定市街化区域に編入された場合の激変緩和措置

　平成5年1月1日現在にはまだ特定市の市街化区域になっていなかった農地が、例えば市町村合併で特定市になったり、特定市の市街化調整区域から市街化区域に編入されたりして、特定市街化区域農地になると固定資産税と都市計画税が一挙に増額することになります。これを調整するために、「新たに課税の適正化措置の対象となるもの」として調整措置が定められています。この場合にはその年度の評価額の3分の1に上記図表1-6②イの表の率を掛けることによって毎年徐々に評価額が増えるようにし、これと前年の課税標準額にその年度の評価額の3分の1に5％を掛けたものの合計のいずれか少ない方に税率を掛けることとしています。

5　特定市への編入や調整区域から市街化区域への編入で生産緑地の選択

　特定市でなかった市町村が三大都市圏の特定市と合併すると、一般市街化区域農地から特定市街化区域農地になり、固定資産税が上記の激変緩和措置があるとはいえ大幅に上昇します。引き続き農地を従来と変わりなく農地として長く続けていく場合には不都合です。この場合には生産緑地の指定を受けることによって、多少の都市計画税が増えますが、調整区域農地と変わりない固定資産税の負担で済みますし、平成21年12月15日以後に相続が起きた場合の相続税の納税猶予も市街化区域ですので20年営農を続けると免除になります。調整農地のままですと相続税の納税猶予の適用を受けることはできますが、終身営農になりますので、編入された方が有利でした。しかし、平成30年度改正において、特定市街化区域以外の市街化区域においても、生産緑地の指定を受けた場合には相続税の納税猶予の適用期限は終身営農となりました。

5　生産緑地に係る固定資産税は純農地扱い

問 特定市街化区域の農地においても生産緑地の指定を受けた農地に対する固定資産税の課税は純農地と同じですか。

答

1　生産緑地は農地課税

特定市街化区域についてはすべての区域で生産緑地制度が導入されていますが、三大都市圏の特定市以外の市においても生産緑地制度の導入が相次いでいます。市街化区域の生産緑地以外の農地に係る固定資産税は高く、特定市の市街化区域ほどではないにしても一般市街化区域農地の固定資産税負担は厳しいものがあります。これらの市街化区域農地が生産緑地の指定を受けると固定資産税は純粋な農地課税となり、非常に低い固定資産税で済むことになります。

図表1-7　生産緑地に係る固定資産税

		三大都市圏の特定市	三大都市圏の特定市以外
市街化区域	生産緑地以外	宅地並み評価 宅地並み課税	宅地比準評価 農地並み課税
	生産緑地	農地課税	
調整区域			

2　生産緑地を外れたときの固定資産税

主たる営農者の死亡・故障又は指定から30年経過すれば買取り請求事由が生じますので生産緑地の解除をすることが可能になります。農業後継者がいないなどの事由で解除せざるを得なくなった場合に、固定資産税はどうなるのでしょう。またその場合に激変緩和措置や負担調整措置はあるのでしょうか。

この場合、評価額は宅地評価額となり、前年に課税している負担調整の基となる宅地としての評価額も、課税標準もありません。負担調整の基となる金額がありませんし、また、激変緩和措置の規定もありません

ので、いきなりその年の評価額に税率が掛けられて固定資産税が課税されます。もちろん生産緑地でなくなっても農地として利用すれば3分の1になる取扱いが適用されます。

3 生産緑地の買取り請求をすると過去の固定資産税をまとめて払う？

　生産緑地の買取り請求をして生産緑地を解除すると、過去に固定資産税が安くなっていた分について、遡って支払う必要があるのかという質問を受けることがあります。20年以上前の固定資産税の長期継続営農制度ではそのように取り扱われていましたし、相続税の納税猶予についても、納税猶予期限までに生産緑地の買取り請求をするとその時点で猶予税額と猶予を受けていた期間に対応する利子税の納付が必要になりますが、固定資産税については過去に遡っての納付は必要ありません。

4 特定市街化区域農地以外の市街化区域で生産緑地の選択の意味

　特定市街化区域農地以外の市街化区域で生産緑地の指定を受ける意味はどこにあるのでしょうか。特定市街化区域以外といえども市街化区域ですので宅地比準評価をされています。固定資産税の税額はそれなりの金額になります。生産緑地の指定を受ければ調整区域の農地とほぼ同じ非常に安い固定資産税で済みます。野菜類で都市野菜としてスーパーなどに納入しているような場合には、固定資産税は少しでも安くすませたいものです。確かに一度生産緑地の指定を受けると指定から30年買取り請求ができないこととされていますが、主たる従事者の故障による買取り申出制度もありますし、後継者がいる場合には長期にわたることを考えるとやはり生産緑地の指定を受けて安い固定資産税にしておきたいものです。

6 事例で農地に係る固定資産税を試算

問 市街化調整区域の農地が市街化区域に編入されると固定資産税はどのくらい増えるのでしょうか。具体的な数字で示してください。

答

1 市街化調整区域農地が区画整理に伴って市街化編入された事例

ある特定市において現況市街化調整区域の一団の土地について、組合を結成して区画整理を実施することになりました。現況はほとんどが田又は畑で、固定資産税も非常に安いのですが、農業後継者のいない農地所有者も多く、周辺の開発も進んできたため区画整理により宅地化し、有効活用することになりました。区画整理に伴って市街化区域に編入されることが市及び県によって決定していますので、市街化区域に編入されると現状の固定資産税が大幅に上昇します。また、一部の農地所有者については農地として換地を受け、引き続き農業を継続したいという方もおられますので、一定の区域については農地としての換地をすることになっています。

2 固定資産税の変化を試算

1,000㎡の土地について、現況の調整区域農地の場合の評価額及び固定資産税額、都市計画税額を基礎に、区画整理されて市街化区域に編入された後のこれらの税額を試算したものが図表1-8です。ここではおおむねどのような違いがあるかを実感していただくことが目的です。実際には換地前の地形等が区画整理によって整序された土地になりますので、単純に比較できるものではありません。また、実際にどのような評価になるかについては、地域によって大きく異なることをご了解ください。これによってどのような違いがあるかを実感していただくためだけのものです。

(1) ①は調整区域農地である現況の固定資産税評価額とこれに税率

1.4％を乗じて計算される固定資産税額です。10円未満は切り捨てられます。

⑵　②は市街化区域編入後生産緑地の指定を受けた場合の評価額と税額です。生産緑地は調整区域農地と同様農地評価で農地として課税されますので、固定資産税の税額は全く変わりません。しかし、市街化区域に編入されましたので、都市計画税が課されることになります。もっとも評価が低いため税額は非常に少ないことになります。

⑶　区画整理後に換地を受けた土地を生産緑地の指定を受けずに農地として利用することはもちろん可能です。登記地目を農地とし、利用も農地として利用しますが、生産緑地の指定を受けませんので、特定市街化区域農地としての固定資産税が課税されます。④はその場合の評価額です。宅地並みに評価されていますので農地の評価と比較すると大変高くなりますが、宅地と比較すると低い評価となっています。農地として利用していますので、評価額の3分の1を固定資産税の、3分の2を都市計画税の課税標準としています。

⑷　しかし、175頁の「図表1－6　特定市街化区域農地の税額の求め方」の「平成5年度適用市街化区域農地以外の特定市街化区域農地」として「新たな課税の適正化措置の対象となるもの」に該当しますので、③のように当初3年間は固定資産税が26,920円、都市計画税が11,530円になります。これは「図表1－6　特定市街化区域農地の税額の求め方」の欄外の下限が適用されるためです。4年目は増加しますが、それでも5年目以降の④の固定資産税269,200円より非常に少ないことがわかります。

⑸　⑤は農地を宅地転用した後に当面は農地として利用している場合で、登記地目宅地を農地として利用していますので雑種地として評価されますが、評価額は宅地としての評価ではなく現況農地の「宅地並み評価」でされます。この評価額の70％を課税標準とされています。この割合は市町村によって異なります。

⑹　⑥は宅地の評価額で、⑦は宅地に住宅が建っている場合軽減後の

第1章 農地に係る固定資産税

評価額とそれぞれの税額です。住宅用地にかかる固定資産税は評価額の6分の1を、都市計画税は3分の1をそれぞれ課税標準とします。

図表1-8 農地の固定資産税の比較検討

① 調整区域農地

評価額		課税評価額	税額
159,000	固	159,000	2,220
	都	—	—

② 生産緑地

評価額		課税評価額	税額
159,000	固	159,000	2,220
	都	159,000	470

市街化区域農地・宅地化農地の申請後1、2、3年目

評価額		課税評価額	税額
57,687,000	固	19,229,000	26,920
	都	38,458,000	11,530

③

市街化区域農地・宅地化農地の申請後4年目

評価額		課税評価額	税額
57,687,000	固	19,229,000	89,730
	都	38,458,000	40,380

④ 市街化区域農地

評価額		課税評価額	税額
57,687,000	固	19,229,000	269,200
	都	38,458,000	115,370

⑤ 雑種地(現況判断・農地転用をして農地として利用している状態)

評価額		課税評価額	税額
57,687,000	固	40,380,900	565,330
	都	40,380,900	121,140

⑥ 宅地(更地、建築中の土地、駐車場など)

評価額		課税評価額	税額
98,109,000	固	68,676,300	961,460
	都	68,676,300	206,020

⑦ 宅地(住宅用地)

評価額		課税評価額	税額
98,109,000	固	16,351,500	228,920
	都	32,703,000	98,100

第2章 農地等の譲渡に関する税金

1 土地を譲渡した場合の税金

問 土地を譲渡した場合の税金の取扱いについて教えてください。

答

1 土地を譲渡したときの税金の基礎

個人が所有している土地を譲渡したときは、給与所得や事業所得、不動産所得などの総合課税所得とは区分して所得税及び住民税の計算をします。このことを分離課税といいます。また、プラスの所得と損失とを差し引きすることを損益通算といいますが、土地や建物を譲渡して損失が出た場合には、総合課税所得と損益通算することができません。

2 譲渡所得の計算

土地・建物を譲渡したときの譲渡所得の計算は、次のようになります。

収入金額－（取得費＋譲渡費用）－特別控除＝譲渡所得金額

(1) **収入金額** 収入金額は譲渡契約書に記載された譲渡価額に固定資産税を清算して受け取った金額を加算して計算します。

(2) **取得費** 取得費は譲渡した土地、建物を取得した際に支払った購入価格、仲介手数料、登記費用、登録免許税などです。建物については経過年数に応ずる減価償却費を控除します。先代から相続した土地などのように取得価額が不明の場合には譲渡収入金額の5％を概算取得費とします。

(3) **譲渡費用** 譲渡に要した仲介手数料、測量費、売買契約書に貼付した印紙税、司法書士に対する費用などです。

(4) **特別控除** 収用の場合には5,000万円、居住用財産の場合には

3,000万円の特別控除が認められることがあります。

3 所有期間によって税率が異なる

譲渡した年の1月1日現在の所有期間が5年を超えていると長期譲渡所得とし、5年以下の場合には短期譲渡所得とされ、所得税及び住民税の税率が大きく異なります。

(1) 長期譲渡所得の税額計算

譲渡所得金額×20.315%（所得税15.315%・住民税5%）
　　　　　　　　　　　　　　　　　　　　＝長期譲渡所得金額

(2) 短期譲渡所得の税額計算

譲渡所得金額×39.63%（所得税30.63%・住民税9%）
　　　　　　　　　　　　　　　　　　　　＝短期譲渡所得金額

〈設例〉先祖伝来の土地

　　土地の譲渡価額　　3億円
　　譲渡費用　　　　　900万円
　　譲渡所得税・住民税合計
　　{3億円×（100－5%）－900万円}×20.315%＝56,069,400円

4 相続税額の取得費加算

相続により財産を取得したときは、相続開始の日から3年10か月以内に土地を譲渡すると、土地等の譲渡所得・住民税を計算する際に、支払った相続税額のうち全体の相続財産に占める譲渡した土地等の評価額の割合に相当する金額を取得価額に加算して譲渡所得税・住民税を精算する特例があります。これを相続税の取得費加算といいます。

先の設例の場合で、次の図のような相続税を支払っていたとすると、税金が約1,523万円も少なくなります。

　　2億100万円×20.315%＝40,833,150円
　　56,069,400円－40,833,150円＝15,236,250円

図表2-1

相続税評価額合計10億円……相続税　3億円

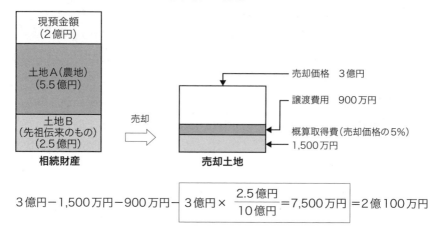

$$3億円 - 1,500万円 - 900万円 - \left[3億円 \times \frac{2.5億円}{10億円} = 7,500万円 \right] = 2億100万円$$

※上記の計算は、復興特別所得税を考慮していない。

出典：今仲清『必ず見つかる相続・相続税対策不動産オーナーのための羅針盤』

2 優良住宅地等の譲渡の特例

問 国や地方公共団体に対する若しくは一定の規模の土地の造成を行うために土地を譲渡した場合に譲渡所得の特例があるそうですが、概要を教えてください。

答

1 優良住宅地等の譲渡の特例

優良住宅等の造成のために土地等を譲渡した場合には、課税長期譲渡所得金額のうち2,000万円までの金額について、所得税・住民税の合計税率が、20.315％から14.21％に軽減される特例があります。

図表2-2

課税長期譲渡所得金額	所得税率	住民税率	合計
2,000万円以下の部分	10.21％	4％	14.21％
2,000万円超の部分	15.315％	5％	20.315％

2 重複適用不可

「収用等の買換え特例」、「収用等の5,000万円特別控除」などの適用を受けるときは、優良住宅地等の譲渡所得の特例の適用を受けることができません。

図表2-3 優良住宅地等の譲渡所得の特例

①	国もしくは地方公共団体に対する譲渡
②	独立行政法人都市再生機構、土地開発公社等が行う住宅建設宅地造成のための譲渡
③	収用交換等による譲渡（①、②に該当する場合を除く）
④	都市再開発法による第1種市街地再開発事業のための譲渡（①、②、③に該当する場合を除く）
⑤	密集市街地における防災街区の整備促進に関する法律に基づく防災街区整備事業に対する譲渡（①、②、③に該当する場合等を除く）
⑥	防災再開発区域内における認定建替計画に係る建築物の建替えを行う事業のための譲渡（②、③、④、⑤に該当する場合を除く）
⑦	都市再生特別措置法による都市再生事業計画の認定を受けた事業者に対する譲渡（②、③、④、⑤、⑥に該当する場合を除く）
⑧	都市再生特別措置法による認定整備事業計画に係る都市再生整備事業の認定整備事業者に対する譲渡（②、③、④、⑤、⑥、⑦に該当する場合を除く）
⑧-2	国家戦略特別区域法に規定する認定区域計画に定める特定事業等のための譲渡
⑨	マンション建替えの円滑化に関する法律に基づくマンション建替事業のための譲渡（⑥、⑦、⑧、⑧-2に該当する場合を除く）
⑨-2	マンション建替えの円滑化に関する法律に基づくマンション敷地売却事業者に対する譲渡
⑩	特定の建築物を建築するための事業のための譲渡（⑥、⑦、⑧、⑨、⑫、⑬、⑭、⑮、⑯に該当する場合を除く）
⑪	特定の民間再開発事業のための譲渡（⑥、⑦、⑧、⑨、⑩、⑫、⑬、⑭、⑮、⑯に該当する場合を除く）
⑫	公共施設の整備を伴う一団の宅地造成事業のための譲渡（②、⑥、⑦、⑧、⑧-2に該当する場合を除く）
⑬	都市計画法の開発許可を受けて行う住宅地造成のための譲渡（⑥、⑦、⑧、⑧-2、⑫に該当する場合を除く）
⑭	都市計画区域内の宅地の造成につき開発許可を要しない場合において行われる一団の住宅地（都道府県知事の認定を受けたものに限る）の用に供するための譲渡（⑥、⑦、⑧、⑧-2、⑫に該当する場合を除く）
⑮	都市計画区域内において行う25戸以上の一団の住宅または15戸もしくは延床面積1,000㎡以上の中高層耐火共同住宅の建設の用に供するための譲渡（⑥、⑦、⑧、⑨、⑫、⑬、⑭に該当する場合を除く）
⑯	土地区画整理事業の施行地区内の土地等の譲渡で仮換地指定日から3年を経過する年の12月31日までに一定の住宅または中高層耐火共同住宅の建設の用に供するための譲渡（⑥、⑦、⑧、⑨、⑫、⑬、⑭、⑮に該当する場合を除く）

出典：柴原 一『Q&A 都市農地税制必携ガイド』（清文社）171頁

3 区画整理事業の施行区域内の土地等の譲渡

> **問** 区画整理事業の区域内の土地を所有していますが、その土地を譲渡した場合に何らかの譲渡所得の特例はないでしょうか。

答

1 土地区画整理事業の施行区域内の土地等を譲渡した場合の特例

優良住宅地等の譲渡所得の特例の16号に「土地区画整理事業の施行区域内の土地等を譲渡した場合の特例」があります。次の要件のすべてを満たしていなければなりません。

(1) その土地等が土地区画整理の施行地区内で仮換地の指定がなされたものであり、かつ、その譲渡から仮換地指定の効力発生日から3年を経過する日の属する年の12月31日までに行われているものであること。使用収益開始可能日が別途定められている仮換地については、その使用収益開始日

なお、仮換地指定の効力発生日から3年を経過する日の属する年の12月31日までに換地処分があった場合でも、その3年を経過する日の属する年の12月31日までにその管理を譲渡すればこの規定の適用があります。

図2-4

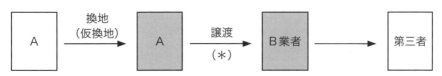

(＊) AのB業者に対する譲渡について、「優良住宅地等の譲渡の特例」の適用があります。

出典：柴原 ―『Q&A 都市農地税制必携ガイド』（清文社）184頁

(2) 一定の要件を満たす住宅又は中高層耐火共同住宅の建設の用に供されるものであること
　① 住宅の要件……建設される一の住宅の床面積が50㎡以上200㎡以下であり、かつ、その一の住宅の敷地面積が100㎡以上500㎡以下であること
　② 中高層耐火共同住宅の要件
　　・耐火建築物又は簡易耐火建築物であること
　　・地上階数3以上に相当する部分が専ら居住の用に供されるもの
　　・居住用独立部分の床面積が50㎡以上（寄宿舎は18㎡以上）200㎡以下であること
　　・建物全体の床面積が500㎡以上であること

2　確定申告書添付書類

確定申告書に添付しなければならない書類は次のようなものです。
(1) 仮換地指定通知書の写し
(2) 建築確認申請書の写し
(3) 仮換地指定された土地等を(2)の確認申請書に係る建物の用に供する旨を証する書類
(4) 検査済証の写し

第3章

農地の相続税評価

1 農地の相続税評価の基本

問 農地の相続税評価の基本について教えてください。

答 **1 相続や贈与の時の農地の評価の区分**（財産評価基本通達34）

　農地を相続した場合や贈与された場合の相続税・贈与税の税額を計算する際の、農地の評価はどのように行うのでしょうか。農地の相続税法上の評価をするときには、まず農地を純農地、中間農地、市街地周辺農地及び市街地農地に分類します。この分類は第2部の図表2-10（133頁）によって行うこととされています。

(1) 純農地……純農地は市街化調整農地のうち甲種農地及び第1種農地と未線引き、都市計画区域以外のうちの第1種農地並びに農業振興地域の整備に関する法律に定める農用地区域内の農地をいいます。

(2) 中間農地……中間農地は第2種農地及びそれに準じる農地をいいます。

(3) 市街地周辺農地……市街地周辺農地は第3種農地及びそれに準じる農地をいいます。

(4) 市街地農地……市街化区域の農地及び転用許可済みの農地をいいます。

2 評価方法

　農地の評価方法は上記の農地の区分に応じて次のように定められています。

(1) 純農地……倍率方式
(2) 中間農地……倍率方式
(3) 市街地周辺農地……（宅地比準方式又は倍率方式）×80％
(4) 市街地農地……宅地比準方式又は倍率方式

3 評価単位（財産評価基本通達7-2(2)）

　農地の評価は耕作の単位となっている1区画ごとに評価することとされています。ただし、市街地周辺農地、市街地農地及び生産緑地はそれぞれの利用の単位となっている一団の農地を評価単位とします。1区画の農地は必ずしも1筆の農地からなるとは限りませんし、2筆以上の農地からなる場合もあります。また、1筆の農地が2区画以上の農地として利用されている場合もあります。親族間で贈与、遺産分割などによる農地の分割が行われた場合に、分割後の画地が農地として通常の用途に供することができないなど、その分割が著しく不合理であると認められるときは、その分割前の画地を一団の農地として取り扱います。

4 固定資産税の評価単位とは異なることがある

　不動産登記事務取扱手続準則第68条に定める地目には、田及び畑はそれぞれ独立した地目と定められていますが、財産評価基本通達では農地として一律に評価規定が定められ、財産評価基準書において田及び畑ごとに評価細目を定めています。

5 倍率方式（財産評価基本通達37）

　評価しようとする農地の固定資産税評価額に、田又は畑の別に、地勢、土性、水利等の状況の類似する地域ごとに、その地域にある農地の売買実例価額、精通者意見価格等を基として国税局長の定める倍率を乗じて計算する方法をいいます。

　固定資産税評価額×倍率＝評価額

6　宅地比準方式（財産評価基本通達39、40）

　その付近にある宅地の価額を基として、その宅地とその農地の位置、形状等の条件の差を考慮して、その農地が宅地であるとした場合の価額を求め、その価額からその農地を宅地として転用する場合に通常必要と認められる造成費に相当する金額を控除して計算します。

　市街地周辺農地の場合には、控除後の価額の80％に相当する金額で評価することとしています。しかし、例えば蓮田などで多額な造成費が見込まれ、宅地比準方式により評価額を算出するとマイナスとなるような場合が予想されますので、その場合には、市街地山林の評価方法に準じて評価することとしています。

$$\left(\begin{array}{l}\text{その農地が宅地で}\\\text{あるとした場合の}\\\text{1m}^2\text{当たりの価額}\end{array} - \begin{array}{l}\text{1m}^2\text{当たりの}\\\text{宅地造成額}\end{array}\right) \times \text{地積} \times 80\% = \text{市街地周辺農地の評価額}$$

$$\left(\begin{array}{l}\text{その農地が宅地で}\\\text{あるとした場合の}\\\text{1m}^2\text{当たりの価額}\end{array} - \begin{array}{l}\text{1m}^2\text{当たりの}\\\text{宅地造成額}\end{array}\right) \times \text{地積} = \text{市街地農地の評価額}$$

2 市街化区域農地の評価例

問 市街化区域農地の評価方法について教えてください。

答 **1 評価単位の判定**（財産評価基本通達7-2）

　　被相続人が主たる従事者として図表3-3の3筆の農地を耕作していました。この農地をすべて長男が相続し、営農を続けることになりました。市街化区域農地の評価単位は、その価格形成要因から「利用の単位となっている一団の農地」ごととされています。そうすると、3筆全体を評価単位とすることになりますが、生産緑地については一利用単位とすることとされていますので、この場合は単独で評価することになります。したがってA田及びB田を合わせて1評価単位とし、生産緑地を1評価単位とします。

2　A田・B田の評価

　A田及びB田を合わせて1評価単位となりますので、合計960㎡になります。地積規模の大きな宅地としての評価ができる地積が500㎡以上の地域であれば、規模格差補正率を適用して評価することになります。

3　C田の評価

　C田は生産緑地として単独で評価することになります。500㎡以上ですが地積規模の大きな宅地として評価する基準を満たしていないものとします。後ほど詳しく述べますが、生産緑地については相続開始時点において買取り請求ができるか否かによって、都市計画法上の生産緑地としての行為制限の期間が異なり、それに応じて評価減額が行われます。この事例では農地所有者である被相続人が主たる従事者であったため、相続発生によって生産緑地の買取り請求事由が発生しています。そのため、評価額から5％の減額が行われます。

(1) 1㎡当たりの評価額

　　100,000円×0.98＝98,000円
　　　　　　　　↑
　　　　　奥行価格補正率（普通住宅地）

(2) 1㎡当たりの造成費

　　① 整地費　　　　　510㎡×400円＝204,000円
　　② 地質改良費　　　510㎡×1,200円＝612,000円
　　③ 土盛費　　510㎡×1m×3,800円＝1,938,000円
　　　合　計　　　　　　　　　　　　2,754,000円

　　2,754,000円÷510㎡＝5,400円

(3) 農地の評価額

　　（98,000円－5,400円）×510㎡＝47,226,000円

(4) 生産緑地としての評価

　　47,226,000円×（1－5％）＝44,864,700円

図表3-1　市街化区域農地の評価例

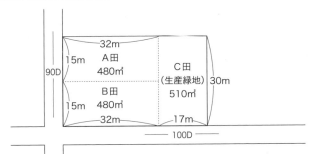

① 地積規模の大きな宅地の評価適用可能な地域・土地であるとします。
　　開発最低面積　500㎡
② 造成必要面積・体積と工事単価

	面積・体積		工事単価
	A・B田	C田	
整　地　費	960㎡	510㎡	400円
地盤改良費	960㎡	510㎡	1,200円
伐採・抜根費	不　要		－
土　盛　費	面積×1m		3,800円
土　止　費	不　要		－

③ 普通住宅地区

3 地積規模の大きな宅地の評価

問 平成30年から広大地評価が廃止され、地積規模の大きな宅地として評価されるそうですが、その内容を教えてください。

答
1 「地積規模の大きな宅地」として評価できるかどうかを確認する

　平成30年1月1日以後の相続又は遺贈若しくは贈与から「広大地評価」が廃止され、「地積規模の大きな宅地」の評価が新たに規定されました。いずれの規定でもこれらの適用を受けることができる宅地等の場合、通常の評価方法と異なり、減額幅が大きくなる特徴があります。その適用の条件は500㎡又は1,000㎡以上の広さが必要であるということです。「地積規模の大きな宅地」として評価を受けることができるかどうかを確認し、適用できる場合には通常の評価をしたのちに規模格差補正率を乗じて評価額を計算することになります。

2 「地積規模の大きな宅地」の適用要件

　「地積規模の大きな宅地」の評価の適用を受けるためには次の①及び②の要件を共に満たさなければなりません。
　① 地積要件　次の区分に応じそれぞれの面積以上であること
　　イ．三大都市圏に所在する宅地　　　　　　　　500㎡
　　ロ．三大都市圏以外の地域に所在する宅地　　1,000㎡
　※三大都市圏の範囲
　　ⅰ　首都圏整備法第2条第3項に規定する既成市街地または同条第4項に規定する近郊整備地帯
　　ⅱ　近畿圏整備法第2条第3項に規定する既成都市区域又は同条第4項に規定する近郊整備区域
　　ⅲ　中部圏開発整備法第2条第3項に規定する都市整備区域
　② 地区要件　「普通住宅地区」・「普通商業・併用住宅地区」に所在する宅地であること。ただし、次のイ、ロ、ハに該当するものに

ついては対象外となります。
　イ　市街化調整区域に所在する宅地（但し、開発行為が可能な区域を除く）
　ロ　都市計画法に規定する工業専用地域に所在する宅地
　ハ　容積率が10分の40（東京都の特別区においては10分の30）以上の地域に所在する宅地

3　「地積規模の大きな宅地の評価」の計算方法

　「地積規模の大きな宅地の評価」は、その土地が面している路線に付されている路線価に、側方加算・二方加算・三方四方加算・奥行価格補正・不整形地補正（補正率の上限は0.6）を行ってその土地の評価額を計算し、さらに次の算式で計算した規模格差補正率を乗じて計算します。なお、無道路地の場合には、「規模格差補正率」を乗じた後の価額の100分の40の範囲内で補正します。

$$規模格差補正率 = \frac{Ⓐ \times Ⓑ + Ⓒ}{地積規模の大きな宅地の地積（Ⓐ）} \times 0.8$$

※小数点第2位未満切り捨て

図表3-2　三大都市圏に所在する宅地

地積		Ⓑ	Ⓒ
500㎡以上	1,000㎡未満	0.95	25
1,000㎡ 〃	3,000㎡ 〃	0.90	75
3,000㎡ 〃	5,000㎡ 〃	0.85	225
5,000㎡ 〃		0.80	475

図表3-3　三大都市圏以外に所在する宅地

地積		Ⓑ	Ⓒ
1,000㎡以上	3,000㎡未満	0.90	100
3,000㎡ 〃	5,000㎡〃	0.85	250
5,000㎡ 〃		0.80	500

※市街地農地等の評価における「宅地であるとした場合の1平方メートル当たりの価額」についても同様に評価します。なお、農地を評価する場合、「宅地であるとした場合の1平方メートル当たりの価額」を計算する際に造成費として土盛費、整地費、擁壁費などを控除することができます。

第3部 都市農地の税務編

図表3-4 フローチャート

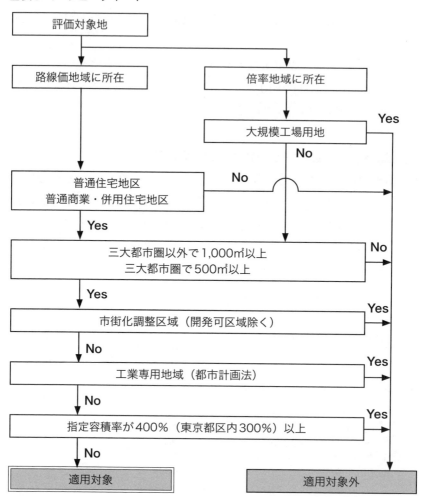

4 貸し付けられている農地の評価上の留意点

問 現に貸し付けられている農地の評価について教えてください。

答 **1 耕作権及び耕作権が設定されている農地**（財産評価基本通達41-2）

耕作権は、物件である永小作権又は債権である賃借権に基づいて農地を耕作する権利をいいます。永小作権は相続税法第23条の規定により評価されます。通常は農地法第17条本文及び第18条第1項の規定の適用のある賃借権（実務上は農地基本台帳に記載されているもの）をいい、相続税法における耕作権の評価はこれをいいます。農地基本台帳に記載されていない、いわゆるヤミ小作の目的とされている農地の評価は自用地として評価します。耕作権割合は各国税局ごとに定められています。耕作権の目的となっている農地は次のように評価します。

その農地の自用地 − その農地の自用地 × 下記の耕作 = 耕作権の目的となっている農地の価額
としての価額　　　 としての価額　　　権の割合　　　いる農地の価額

図表3-5　耕作権割合

農地の区分	大阪国税局	東京国税局	名古屋国税局
純農地、中間農地	100分の50	100分の50	100分の50
市街地農地、市街地周辺農地	100分の40	100分の35	100分の40

2 生産緑地である小作地の評価

生産緑地である小作地については、本章の**1〜3**によって自用農地として評価したのち、上記の耕作権割合を控除して評価した上で、第2部Ⅰの「**10 主たる従事者と生産緑地の相続税評価**」（129頁）の買取り申出ができることとなるまでの期間に応じた減額割合を控除して評価

（その農地の自用地とし − その農地の自用地とし × 上記の耕作権の割合） × （1 − 買取り申出が可能となる日までの期間に応ずる割合） = 耕作権の目的となっている生産緑地である農地の価額
ての価額　　　　　　　ての価額

することになります。

3 農業経営基盤強化促進法による貸付農地の評価（農用地利用増進法等の規定により設定された賃貸借により貸付けられた農用地等の評価について（昭56直評10、直資2-70））

農業経営基盤強化促進法の「農業経営基盤強化促進事業」は、市町村が農業経営基盤強化の促進に関する基本的な構想によって明らかにした、育成すべき効率的かつ安定的な農業経営を育てていく有効な手段として法定化された事業です。このうちの「利用権設定等促進事業」の「農用地利用集積計画」の公告により設定された賃借権は、農地の賃貸借に定期借地権の概念を導入したともいえる制度で、貸主はあらかじめ定めた期間（おおむね10年以内）が満了すると、離作料を請求されずに自動的に土地が返還される保証が与えられる制度です。土地所有者である貸主は安心して農用地を貸し付けることができます。また、農業経営基盤強化促進法の規定に基づかない、農用地について10年以上の期間の定めのある賃貸借についても、農地法第20条第1項本文の賃貸借の解約等の制限規定の適用除外とされていますので一般の耕作権のような強い権利とは認められません。そこで、これらによって貸し付けられた農用地及び賃借権の評価については次のように取り扱うこととされています。

(1) 「農用地利用集積計画」の公告による賃借権に基づき貸し付けられた農用地の評価……その農用地の自用地評価額からその価額に100分の5を乗じて計算した金額を控除した金額によって評価する。

(2) 「農用地利用集積計画」の公告による賃借権に係る賃借権の評価……相続税又は贈与税の課税価格に算入しない。

(3) 10年以上の期間の定めのある賃貸借に係る農用地及び賃借権の評価……(1)及び(2)に準じて取り扱う。

※農地基本台帳……市町村の農業委員会が記録する農家の世帯状況、就業状況、営農状況などを記録した農地の台帳をいいます。農地台帳、農家台帳などと呼称する市町村もあるようです。

第4章
農地等に係る納税猶予制度

1 農地等の贈与税の納税猶予制度の概要

 農地等を贈与した場合に、課税される贈与税の全額が猶予される制度があるそうですがその内容を教えてください。

 1 贈与者及び受贈者の要件（租税特別措置法第70条の4第1項、同法施行令第40条の6第5項）

贈与の日まで引き続き3年以上農業を営んでいた個人である贈与者が、贈与者の推定相続人の1人でその農地の贈与を受けた日において満18歳以上であり、かつ、その農地の贈与を受けた日において引き続き3年以上農業に従事していた者で、そのことについて農業委員会が証明した者に農地を一括して贈与した場合に贈与税の納税猶予の適用を受けることができます。この農業委員会が発行する証明書のことを「適格者証明書」といいます。

2 対象となる農地の範囲

贈与者が農業の用に供している農地等で次のものに限り適用されます。
(1) 特定市街化区域農地等に該当しないものの全部（平成3年1月1日現在の三大都市圏の特定市の市街化区域内農地等以外の農地と都市営農農地等になります）
(2) 特定市街化区域農地等に該当しない採草放牧地及び純農地の面積の3分の2以上

3 贈与税の納税猶予の計算

贈与税の納税猶予は暦年贈与によって計算した金額となります。したがって、納税猶予の適用を受けない財産の贈与もあり得ますので、次のような計算になります。

(1) その年分の全贈与財産に係る贈与税額＝暦年課税贈与税額
(2) 農地等の贈与がなかったものとした場合の贈与税額＝納付すべき暦年課税贈与税額
(3) (1)－(2)＝贈与税の納税猶予税額

図表4-1　贈与税の納税猶予税額の計算例（平成25年度税制改正後の新税率による）

```
【前提条件】
(1) 現金贈与                                    200万円
(2) 贈与された納税猶予適用農地の評価額         2,000万円
【贈与税の計算】
(1) 20歳以上の者への直系尊属からの贈与      (2) 一　般
  ① 暦年贈与額の計算                          ① 暦年贈与額の計算
   （200万円＋2,000万円）－110万円             （200万円＋2,000万円）－110万円
                     （基礎控除）                              （基礎控除）
   ＝2,090万円                                 ＝2,090万円
   2,090万円×45％－265万円                    2,090万円×50％－250万円
   ＝675.5万円                                 ＝795万円
  ② 農地の贈与がなかった場合の贈与税額        ② 農地の贈与がなかった場合の贈与税額
   （200万円－110万円）×10％＝9万円           （200万円－110万円）×10％＝9万円
  ③ 贈与税の納税猶予額                        ③ 贈与税の納税猶予額
   ①－②＝666.5万円                            ①－②＝786万円

  ※ 改正後の「贈与税の速算表」を268頁に掲載
```

4 申告手続と担保提供等

(1) 納税猶予の申告手続

贈与税の納税猶予の適用を受けるためには、贈与を受けた者が贈与を受けた年の翌年2月1日から3月15日までの期間内に贈与税の申告書に必要な事項を記載して所轄税務署長宛に申告書を提出しなければなりま

せん。

(2) 担保提供

この特例の適用を受けるためには、特例農地等の全部を担保に提供するか又は贈与税の納税猶予税額＋利子税額に相当する担保を提供しなければなりません。

(3) 添付書類

申告書には次のような書類を添付しなければなりません。

① 農地等の贈与税の納税猶予税額の計算書
② 農地等の贈与に関する確認書
③ 戸籍抄本等……受贈者が贈与者の推定相続人であることを証する書類
④ 農業委員会が発行する適格者証明書……贈与者及び受贈者のもの
⑤ 三大都市圏の特定市の場合……贈与農地が生産緑地であること又は市街化調整区域の農地であることの市長の証明書
⑥ 担保を提供しようとする財産明細書その他担保に関する書類
⑦ 贈与契約書

5 継続届出書の提出義務

受贈者は納税猶予期限が確定するまでの間、贈与税の申告期限の翌日から起算して3年ごとに、引き続いて納税猶予の適用を受けたい旨の継続届出書を所轄税務署長に提出しなければなりません。

2 贈与税の納税猶予が打ち切られる場合など

問 農地の贈与税の納税猶予の適用を受けたのちに猶予が打ち切られる場合があるそうですが、どのような場合に打ち切られるのでしょうか。

答

1 贈与税の納税猶予の全部が打ち切られる場合（租税特別措置法第70条の4第1項、第29項、第30項）

　贈与税の納税猶予を受けている場合に次の事由が生じたときには、猶予を受けている贈与税額全額とこれに対応する利子税を、これらの事由が生じた日から2月を経過する日までに一括して納付しなければなりません。

(1) 適用を受けている農地等の面積の20％を超える任意の譲渡をしたとき
(2) 受贈者が適用を受けている農地についての農業経営を廃止したとき
(3) 受贈者が贈与者の推定相続人に該当しないこととなった場合
(4) 継続届出書の提出をしなかった場合（平成6年12月31日以前の贈与については適用除外）
(5) 受贈者が任意に納税猶予の適用を取りやめる場合
(6) 税務署長の増担保又は担保の変更命令に応じない場合（この場合のみ期限は2か月ではなく繰り上げられた日となります）（租税特別措置法第70条の4第30項）

2 一部について納税猶予が打ち切られる場合（租税特別措置法第70条の4第1項、第4項、第5項）

　次の事由が生じたときは、その事由が生じた部分について納税猶予期限が確定し、これに対応する贈与税額と利子税についてこれらの事由が生じた日から2月を経過する日までに一括して納付しなければなり

ません。
(1) 適用を受けている農地等について、収用交換等による譲渡、権利の設定があった場合
(2) 適用を受けている農地等の面積の20％以下の部分について任意の譲渡があった場合
(3) 純農地を申告期限から10年以内に開発して農地又は採草放牧地としなかった場合
(4) 次に掲げる買取りの申出等があった場合
　① 特例農地である都市営農農地等について、生産緑地法第10条又は第15条第1項の規定による買取りの申出があった場合
　② 都市計画法の規定に基づく都市計画の決定・変更又は旧第二種生産緑地地区に関する都市計画の失効により、特定市街化区域農地等に該当することとなった場合

図表4-2　農地についての贈与税の納税猶予制度の概要

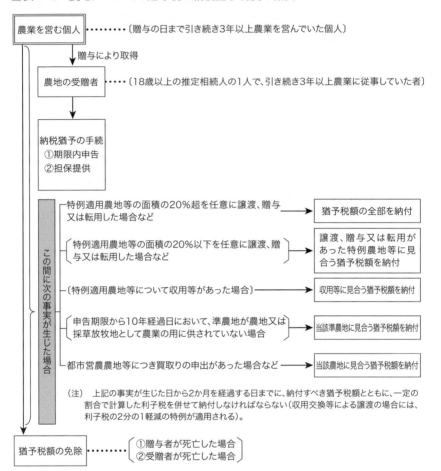

第4章 農地等に係る納税猶予制度

3 農地等の贈与税の納税猶予の留意点

問 農地等の贈与税の納税猶予の適用を受けるについて、注意すべきことはどのような点があるでしょうか。

答

1 農地所有者の農地を一括して贈与することが条件

農地の贈与税の納税猶予の特例は、農地所有者が所有する農地を1人の推定相続人にすべて贈与する場合にのみ適用があります。家督相続から戦後の法定相続分による法定相続制度に変更された後、農地相続において農地の細分化を防ぎ農業後継者の育成を図る趣旨から導入された制度ですので、当然といえば当然です。そこで次のような問題が起こり得ますので留意してください。

2 農地の一部を長男に贈与した後に次男に残りを一括贈与（租税特別措置法施行令第40条の6第1項第1号）

長男が農業経営を後継する予定で、将来の地価上昇に備えて節税対策として農地の一部を相続時精算課税贈与したとします。残りの農地は相続開始時点で相続税の納税猶予の適用を受けることとしていました。数年後に病気や他の事由で長男が農業経営を引き継がないことになり、この際次男に農地を一括贈与して贈与税の納税猶予の適用を受けたいと考えました。この場合には、贈与税の納税猶予の適用を受けることができません。

図表4-3 長男に相続時精算課税贈与・次男に一括贈与による納税猶予は不可

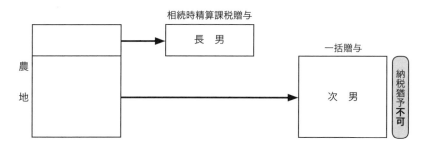

3 同一年に農地の一部を次男に、残りを一括して長男に……納税猶予不可

同一年に農地の一部を次男に贈与し、残りの農地を長男に一括贈与した場合には、贈与者の農地を1人の者に一括して贈与していませんので、農地の贈与税の納税猶予の適用を受けることができません。

図表4-4　同一年に農地の一部を次男に、残りのすべてを長男に一括贈与も不可

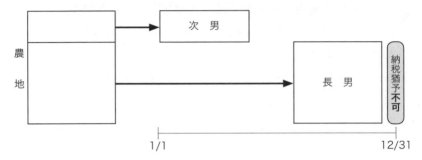

4 前年以前に5条許可を受けて贈与を受け相続時精算課税贈与の場合にはOK

次男が農地の一部について農地法の5条の本文許可（農地の転用のための権利移動制限）を受けた上で贈与者から贈与を受けて、相続時精算課税贈与を受けていた場合に、数年後に同じ贈与者から長男が農地の一括贈与を受けた場合にはどうなるのでしょう。この場合には、確かにもともとは農地であった土地の贈与ですが、農業委員会において転用許可を得ていますので、贈与者からの農地として贈与を受けたのは長男だけということになりますので、贈与税の納税猶予の適用が認められることになります。

図表4-5　5条許可による転用を伴う贈与の場合

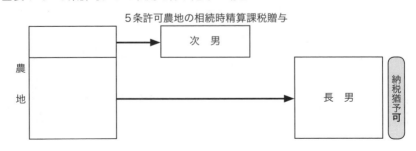

4 農地等の贈与税の納税猶予と相続税の納税猶予の関係

問 農地の贈与税の納税猶予の適用を受けたのち、農地の贈与した後に死亡した場合の取り扱いなどについて教えてください。

答
1 贈与税の納税猶予を受けていて贈与者が死亡した場合（租税特別措置法第70条の5）

　贈与税の納税猶予を受けていた贈与税額は、その農地等の贈与者が死亡した時に免除されます。同時に納税猶予の適用対象農地等は、その死亡した者から受贈者である農業後継者が相続又は遺贈により取得したものとみなされます。この場合、その受贈者である相続人は、一定の要件のもとに相続税の納税猶予の特例の適用を受けることができます。

2 相続税の納税猶予は単独でも適用可能

　相続税の納税猶予制度については後ほど詳しくまとめますが、贈与税の納税猶予を受けていなければ適用できないという制度にはなっていません。農業経営をしていた農地所有者である被相続人から、農地を相続した農業相続人が農地の相続税の納税猶予を受けることが可能です。法定相続分による相続を原則としている民法のもと、農業後継者が一括して農地を相続することによって、農地を相続人間で細分化しないで効率よく農業経営を行えるように、農地の生前贈与を活用しなければならない場合には、贈与税の納税猶予の適用を受けざるを得ないこともあるでしょう。

3 できれば農地の贈与をせず、贈与税の納税猶予の適用を受けない

　しかし、贈与税の納税猶予を受けている期間中にそのようなことが起きるか不透明です。贈与税額は多額になるため、納税が猶予されるとはいえ納税猶予打切り事由に該当すると、高額の贈与税と利子税を一時に納付しなければなりません。したがって、農業後継者に対しては農地の贈与をしないで、遺言書を作成して農地を農業経営を相続する相続人に

相続させるようにした方がよいのではないでしょうか。

4　相続税の納税猶予から贈与税の納税猶予も可能

相続税の納税猶予を受けている農業相続人が、高齢になったため後継者である推定相続人（通常は子供）に農地を一括して贈与し、相続税の納税猶予の免除を受け、同時に贈与税の納税猶予の適用を受けることも可能です。しかしこの場合には上記**3**と同様のことがいえます。

図表4-6　農地等の贈与税及び相続税の納税猶予の特例の関係

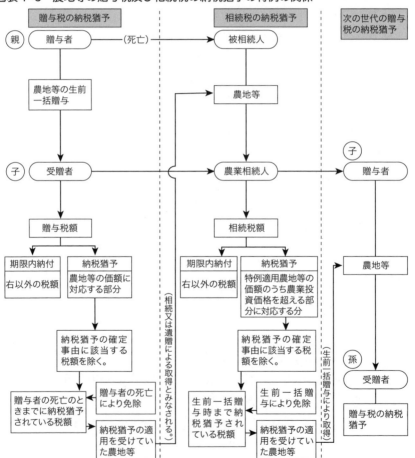

出典：森正道編『図解相続税・贈与税（平成22年版）』（大蔵財務協会）594頁

5 農地等に係る相続税の納税猶予制度の概要

問 農地等の相続税の納税猶予制度の概要について教えてください。

答 **1 農地等に係る相続税の納税猶予適用要件**（租税特別措置法第70条の6）

死亡の日まで農業を営んでいた被相続人から、農業の用に供していた農地を相続又は遺贈により取得した農業相続人が、相続税の申告期限までに農業経営を開始し、担保の提供などの一定の手続を行うことによって、通常の評価によって計算した相続税額と農地として利用し続けることを前提とした非常に低い「農業投資価格」によって計算した相続税額との差額について相続税の納税が猶予されます。

2 被相続人の範囲（租税特別措置法施行令第40条の7第1項第1号、第2号、措置法通達70の6-5、70の6-6）

被相続人は死亡の日まで農業を営んでいた個人ですが、老齢や病弱のため生前において生計を一にする同居の親族に農業経営を移譲している場合や、農業者年金を受けるため、生前に農業経営をその親族に移譲している場合でも、死亡の日まで農業を営んでいたものとされます。また、贈与税の納税猶予の特例の適用に係る農地の生前一括贈与者も含まれます。

3 農業を営んでいた個人とは（措置法通達70の4-6）

「農業を営む個人」とは、耕作又は養畜の行為を反復し、かつ、継続的に行う個人をいいます。その規模や兼業などについては次のように取り扱われます。なお、これらは農業相続人についても同様です。

(1) 農産物を他に販売していなくてもよく、自家消費のみであってもよい。

(2) 個人が、会社、官庁などに勤務するなど他の職業を有し、又は他に主たる事業を有していても、その個人が兼業で農業を営んでいる限り農業を営む個人とする。

(3) 住居及び生計を一にする親族の2以上の者が、それぞれ(1)、(2)に該当する場合には、所得税課税上の農業の事業主であるかどうかは問わない。

4　農業相続人の範囲

農業相続人は、被相続人の相続人で相続税の申告期限までに農業経営を開始し、その後も引き続き農業経営を継続する者として農業委員会が証明した者に限られます。したがって、相続人以外の人が遺贈によって農地等を取得しても相続税の納税猶予を受けることはできません。なお、次のような点についても留意する必要があります。

(1) 農地等の贈与税の納税猶予は推定相続人の1人に一括贈与した場合に限って適用されますが、相続税の納税猶予については「住居及び生計を一にする2以上の親族が同一の被相続人から相続等により取得した場合」には、上記3の農業を営む個人に該当する限り、それぞれの者について適用することができます。

(2) 相続又は遺贈によって農地等を取得した者が未成年者であるときは、その未成年者と住居及び生計を一にする親族がともにその農地等によって農業経営を行うときに限り、その未成年者は農業相続人に該当します。

5　耕作権が設定されている農地等の取扱い

農地又は採草放牧地に地上権、永小作権又は賃借権が設定されている場合には、これらの権利の設定をしている者が農業経営をしていることになり、農地又は採草放牧地の所有者は単に農地を貸しているだけでその農地等を農業の用に供しているわけではありません。したがって、これらの権利の設定をして農業を行っている農地の権利者については、農

地等の納税猶予制度の適用を受けることができますが、他人にこれらの権利を設定させている農地等は納税猶予の適用対象となりません。ただし、農業経営基盤強化促進法の規定に基づいて貸し付けられている一定の農地については適用できる場合がありますが、これについては後ほど詳しくまとめます。貸し農園も納税猶予適用対象外ですが、いわゆるレジャー農園で一定の要件を満たしていると納税猶予適用対象となる場合もあります。これについても後ほど詳しくまとめましょう。

図表4–7　相続税の納税猶予適用要件の概要

誰から？	死亡の日まで、農業を営んでいた個人
いつ？	申告期限内に取得
誰が？	申告期限までに農業経営を開始する相続人
何を？	①調整区域農地 ②三大都市圏の特定市の市街化区域にあるもの以外の農地 ③生産緑地（都市営農地等）
どうする？	①期限内申告書の提出　　遺言書又は遺産分割協議書が必要 ②担保の提供

図表4–8　都市計画区域と農地の納税猶予

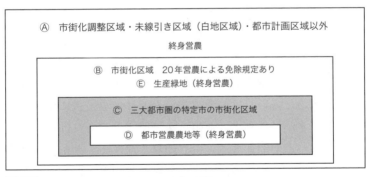

6 農地等の相続税の納税猶予は早期に分割できないと適用できないことも

> **問** 農地の相続税の納税猶予制度の適用を受けるには相続税の申告期限までに適用を受けようとする農地等の取得者が確定し、その取得者が農業相続人でなければならないそうですが、詳しく教えてください。

答 **1 申告期限内に農地の分割が必要**（租税特別措置法第70条の6第4項）

　農地等の相続税の納税猶予制度の適用は、相続税の申告期限内に申告しなければ適用されません。そのためには申告期限までに相続財産の分割が完了していなければなりません。相続人が1人あるいは配偶者と子供1人であれば問題ありませんが、子供の数が多く遺産分割について争いが予想されるような場合には相当早くから周到に準備することが必要です。相続人が複数いる場合について詳しくまとめましょう。

(1) 遺言書があれば安心

　被相続人が遺言書を作成しており、その中で少なくとも農地等について相続又は遺贈を受ける相続人が確定していれば農地等の相続税の納税猶予を受けることが可能です。遺言書の書き方によるのですが、納税猶予を受けようとする農地の地番や地積等とその相続人が明記されているなどの要件を満たしていれば、遺言書のみでその遺言書に従った不動産の登記をすることができます。その意味で遺言書があれば安心といっても、その書き方が重要であることをご理解ください。また、農業委員会における「相続税の納税猶予に関する適格者証明書」についても同様です。

(2) 相続人全員が合意して遺産分割協議書を作成

　遺言書がなければ相続人全員が合意して遺産分割協議書を作成しなければなりません。相続人全員の印鑑証明書とその印鑑の押印が必要で

す。とりあえず相続税の納税猶予の適用を受けるために、適用を受ける農地だけの遺産分割協議書を作成して手続をすることは可能です。しかし、かなりもめているような場合には、農地だけの相続についてのみ先行して遺産分割協議書に押印してもらうことは現実的には難しいでしょう。もちろんもめごともなく、農地を相続する他の相続人がスムーズに遺産分割協議書に署名押印してもらうことができれば何の問題もありません。

(3) できれば申告期限の2か月前には分割を完了したい

　農業委員会の開催は通常月に1回です。開催された直後に「相続税の納税猶予に関する適格者証明書」の証明願いを提出しても、早くても1か月はかかることになります。原則として適用を受ける農地を担保として、財務省の抵当権が設定されますので、これに必要な様々な書類も一緒に提出する必要がありますので、最悪でも相続税の申告期限の2か月前には遺産分割協議を完了させておきたいものです。

図表4-9 相続税の納税猶予に関する適格者証明書

証 明 願

平成　年　月　日

○○市農業委員会会長　様

　　　　　　　　　　　　　　農地等の相続人氏名　　　　　　　印

　下記の事実に基づき、被相続人及び私が租税特別措置法第70条の6第1項の規定の適用を受けるための適格者であることを証明願います。

1. 被相続人に関する事項

住　所				氏　名		職　業	
相続開始年月日	年　月　日		農地等の生前一括贈与を受けていた場合には、その年月日			年　月　日	
被相続人の所有面積	耕作農地	㎡	被相続人が農業経営主でない場合	農業経営者の氏名			
	採草放牧地	㎡		農業経営者と被相続人との同居・別居の別		同居・別居	
	合計	㎡					

2. 農地等の相続人に関する事項

　(1) 農地等の相続人

住所			氏名		職業	
生年月日	年　月　日	被相続人との続柄	相続開始時における被相続人との同居・別居の別	同居・別居	相続開始時において農耕に従事した実績の有無	有・無
特例の適用を受けようとする農地等の明細	別表のとおり		左記の農地等による農業経営の開始年月日		年　月　日	
今後引続き農業経営を行うことに関する事項						
その他参考事項						

　(2) 農地等の相続人の推定相続人（生前一括贈与を受けていた農地等について使用貸借による権利が設定されている場合）

住　所			氏　名		職　業	
生年月日	年　月　日	相続人との続柄	使用貸借による権利の設定の年月日		年　月　日	
使用貸借に係る農地等の明細	別表のとおり		左記の農地等による農業経営の開始年月日		年　月　日	
今後引続き推定相続人が農業経営を行うことに関する事項						
相続人が推定相続人の経営する農業に従事していることに関する事項						

　上記証明願のとおり、被相続人及び農地等の相続人は、租税特別措置法第70条の6第1項に規定する適格者であることを証明する。

市農委　第　　号
平成　年　月　日

　　　　　　　　　　○○市農業委員会　会長　××　××　　印

7 相続税の納税猶予の適用を受けるための手続

問 相続税の納税猶予制度の適用を受けるための手続について教えてください。

答

1 相続税の納税猶予の適用を受けるための手続

相続税の納税猶予の適用を受けるためには次のような手続が必要です。

(1) 遺言書又は遺産分割協議書の作成
(2) 農業委員会から「相続税の納税猶予に関する適格者証明書」の交付を受ける。
(3) 被相続人から農業相続人に農地の所有権移転登記を行ってその登記事項証明書を取得する。
(4) 担保提供に関する書類
(5) 特例農地のうちに三大都市圏の特定市の区域内に所在する農地又は採草放牧地がある場合には、この特例の対象となる農地等に該当すること等を証する市長又は特別区の区長の書類
(6) 相続税の期限内申告書に次の旨を記載して、上記(1)、(2)、(3)、(4)、(5)の書類を添付して所轄税務署長宛に申告期限までに提出
  ① 納税猶予の適用を受けようとする旨
  ② 相続又は遺贈により取得した農地等の明細（217頁の適格者証明の別表）
  ③ 納税猶予に係る相続税額の計算に関する明細

2 相続税の納税猶予に関する適格者証明書

前頁の「相続税の納税猶予に関する適格者証明書」は、この申請に基づく被相続人が相続税の納税猶予制度に規定する被相続人に該当するか、また農業相続人が相続又は遺贈により取得した農地等において農業を開始し、その後引き続き農業経営を行うと認められるものとして、そ

の特例農地等の所在地の農業委員会が明らかにするものです。その別表であり、その明細書に記載された農地等について農業委員会が判定することになっているものが、次頁の「適格者証明書の別表」です。

3 「相続税の納税猶予に関する適格者証明書」発行のために必要な書類

「相続税の納税猶予に関する適格者証明書」は、農業相続人が農業委員会に申請し、農業委員会は適格かどうかの判断をすることになります。その際に各農業委員会によって多少異なりますが、次のような書類が必要です。

(1) 営農確約書
(2) 遺産分割協議書又は遺言書
(3) 特例適用農地の登記事項証明書
(4) 被相続人の戸籍謄本
(5) 相続人及び被相続人の住民票
(6) 特例適用農地の公図の写し及び位置図
(7) 特例適用農地の固定資産評価額証明書

4 農業委員会による現地調査

農業相続人から適格者証明願いが提出されると、書類調査終了後数週間のうちに複数名の農業委員と事務局の担当者が、申請された農地等の現地調査をします。その農地が肥培管理されていなければ厳しく営農指導が行われますが、問題がない限り1〜2週間で証明書が発行されます。

図表4-10　適格者証明書の別表　特例適用農地等の明細書

相続税の納税猶予の特例の適用を受ける者	住所			※　3年毎の継続届出書の整理欄			
^	^			1回目	2回目	3回目	4回目
^	氏名			5回目	6回目	7回目	8回目
相続開始年月日		平成　　年　　月　　日					
農地等の生前一括贈与を受けていた場合には、その年月日		平成　　年　　月　　日					
特例適用農地等の明細							
番号	田、畑、採草放牧地又は準農地の別	登記上の地目	所在場所 || 市街化区域内外の別	面　積（㎡）	※譲渡等又は買取りの申出等についての整理欄	
1			|| 内・外			
2			|| 内・外			
3			|| 内・外			
4			|| 内・外			
5			|| 内・外			
6			|| 内・外			
7			|| 内・外			
8			|| 内・外			
9			|| 内・外			
10			|| 内・外			
11			|| 内・外			
12			|| 内・外			
13			|| 内・外			
14			|| 内・外			
15			|| 内・外			
16			|| 内・外			
17			|| 内・外			
18			|| 内・外			
19			|| 内・外			
合　計			||			

図表4-11　別記様式第1　納税猶予の特例適用の農地等該当証明書

証　明　願

平成　　年　　月　　日

_____市長殿

住所　_____
氏名　_____㊞

　相続税（贈与税）の納税猶予の適用に関して必要があるため、下記に記載した農地又は採草放牧地について、次の①（又は②）のとおりであることを証明願います。

① 下記に記載した農地又は採草放牧地が、都市計画法第7条第1項に規定する市街化区域内に所在する同法第8条第1項第14号に掲げる生産緑地地区内又は同法第7条第1項に規定する市街化調整区域内に所在する農地又は採草放牧地であること（納税猶予の対象となる農地等であること。）。
② 下記に記載した農地又は採草放牧地が、a.平成9年4月1日／b.平成3年1月1日において都市計画法第7条第1項に規定する市街化区域内の農地又は採草放牧地であり、同法第8条第1項第14号に掲げる生産緑地地区外の土地の区域に所在する農地又は採草放牧地であること（特定転用の対象となる農地であること。）。
（注）証明を受ける区分に応じ、①又は②、a若しくはbのそれぞれいずれか一方を抹消してください（裏面の記載要領1及び2(2)欄をよく読んでください。）。

（対象となる農地又は採草放牧地）

番号	農地又は採草放牧地の所在	地目	面積(㎡)	市街化区域内・外の別	生産緑地地区内・外の別	※　第二種生産緑地地区に関する都市計画の指定は変更の日及び都市計画の失効の日	
1				内・外	内・外	決定・変更日 失効の日	・ ・
2				内・外	内・外	決定・変更日 失効の日	・ ・
3				内・外	内・外	決定・変更日 失効の日	・ ・
4				内・外	内・外	決定・変更日 失効の日	・ ・
5				内・外	内・外	決定・変更日 失効の日	・ ・
6				内・外	内・外	決定・変更日 失効の日	・ ・
7				内・外	内・外	決定・変更日 失効の日	・ ・
8				内・外	内・外	決定・変更日 失効の日	・ ・
9				内・外	内・外	決定・変更日 失効の日	・ ・
10				内・外	内・外	決定・変更日 失効の日	・ ・

※欄は、申請者が記載する必要はありません。

　次の_____に該当するものであることを証明する。
① 上記に記載された農地又は採草放牧地が、都市計画法第7条第1項に規定する市街化区域内に所在する同法第8条第1項第14号に掲げる生産緑地地区内又は同法第7条第1項に規定する市街化調整区域内に所在する農地又は採草放牧地であること。
② 上記に記載された農地又は採草放牧地が、a.平成9年4月1日／b.平成3年1月1日において都市計画法第7条第1項に規定する市街化区域内の農地又は採草放牧地であり、同法第8条第1項第14号に掲げる生産緑地地区外の土地の区域に所在する農地又は採草放牧地であること。
　（注）証明を行う区分に応じ、a.又はb.のいずれか一方を抹消してください。（裏面の記載要領2(2)をよく読んでください。）

平成　　年　　月　　日

〇〇市長　××　××　㊞

8　相続税の納税猶予税額の計算

問 農地等の相続税の納税猶予税額の計算方法を事例で教えてください。

答 1　**相続税の納税猶予税額の計算**（租税特別措置法第70条の６第２項）

相続税の納税猶予の適用を受けますと、通常通りに計算した相続税額と特例農地について農業投資価格で計算した相続税額との差額について、農業相続人が納付すべき税額から猶予されることになります。事例を基に相続税納税猶予税額の計算をしてみましょう。詳しい計算内容は次のページをご覧ください。

(1)　親族関係……農業経営をしていた被相続人には、妻、農業相続人である長男、長女の相続人がいました。

(2)　相続財産……相続財産は農地が通常評価で１億円、現預金や家屋などのその他の財産合計が２億円、総財産３億円でした。

(3)　農業投資価格による評価……農地の農業投資価格による評価は264万円で、農業投資価格で計算した財産総額は２億264万円でした。

(4)　通常評価による相続税額……財産総額３億円から、相続人が３人ですので4,800万円の基礎控除を差し引くと２億5,200万円になります。これを法定相続分で分割したものとして相続税の総額を計算すると5,720万円になります。

(5)　農業投資価格による税額……農業投資価格による財産総額の２億264万円についても同様の計算をしますと相続税の総額は2,766万円になります。

(6)　納税猶予税額……長男が猶予を受けることになる相続税額は(4)から(5)を差し引いた2,954万円ということになります。

(7)　各人の納付税額……納税猶予を受ける場合の相続税の総額は2,766万円ですので、これをもとに各人の負担相続税額を計算しま

す。妻については農業投資価格で計算した負担割合が74％ですので、2,046万8,400円になりますが、配偶者の税額軽減で税額はゼロになります。長男の相続税額は304万2,600円、長女の相続税額は414万9,000円にそれぞれなります。

2 自社株式の納税猶予制度より有利

このように農地の納税猶予制度は、農業相続人が相続税の納税猶予の適用を受けると、他の相続人に係る相続税は農業投資価格をもとにした評価額で計算した低い相続税額となります。平成21年に導入された自社株式の納税猶予制度（事業承継税制）は経営承継相続人が自社株式の納税猶予制度の適用を受けた場合であっても、他の相続人に課税される相続税額は納税猶予の適用を受けなかったとした場合の相続税額となっており、その点、農地の納税猶予制度は有利になっているといえるでしょう。

【事　例】

A　親族図

被相続人 ―― 妻（70歳）
　├ 長男（農業相続人）（45歳）
　└ 長女（35歳）

B　相続財産

(単位：万円)

	妻（70歳）	長男（45歳）	長女（35歳）	計
農　　地	―	10,000 (264)	―	10,000 (264)
その他の財産	15,000	2,000	3,000	20,000
課税価格合計	15,000 (15,000)	12,000 (2,264)	3,000 (3,000)	30,000 (20,264)
按 分 割 合	0.50 (0.74)	(0.40) (0.11)	(0.10) (0.15)	―

（　）は農業投資価格で計算した金額です。

第4章　農地等に係る納税猶予制度

C　相続税の納税猶予税額の計算（平成25年度税制改正後の新税率による）
① 通常評価に基づく相続税の総額の計算
　1）課税遺産額
　　3億円－4,800万円＝2億5,200万円
　　（注）基礎控除額：3,000万円＋600万円×3人＝4,800万円
　2）法定相続人の法定相続分に応ずる各人の取得金額
　　・妻　　　　2億5,200万円×1/2＝1億2,600万円
　　・長男、長女　2億5,200万円×1/2×1/2＝6,300万円
　3）各人の相続税額（相続税の速算表により計算します）
　　・妻　　　　1億2,600万円×0.4－1,700万円＝3,340万円
　　・長男、長女　6,300万円×0.3－700万円＝1,190万円
　4）相続税の総額
　　3,340万円＋1,190万円×2＝5,720万円
② 農業投資価格に基づく相続税の総額の計算
　1）課税遺産額
　　2億264万円－4,800万円＝1億5,464万円
　2）法定相続人の法定相続分に応ずる各人の取得金額
　　・妻　　　　1億5,464万円×1/2＝7,732万円
　　・長男、長女　1億5,464万円×1/2×1/2＝3,866万円
　3）各人の相続税額
　　・妻　　　　7,732万円×0.3－700万円＝1,619.6万円
　　・長男、長女　3,866万円×0.2－200万円＝573.2万円
　4）相続税の総額
　　1,619.6万円＋573.2万円×2＝2,766万円
③ 納税猶予額の計算（通常評価に基づく相続税の総額－農業投資価格に基づく相続税の総額）
　・長男　5,720万円－2,766万円＝2,954万円→猶予される金額
④ 各人の納付額の計算
　・妻　1）2,766万円×0.74＝20,468,400円
　　　　2）配偶者の税額軽減額の計算
　　　　　イ　課税価格の合計額×1/2：2億264万円×1/2＝1億132万円
　　　　　　　　　　　　　　　　　　　1億132万円＜1億6,000万円
　　　　　　　　　　　　　　　　　　　∴1億6,000万円
　　　　　ロ　配偶者の課税価格　　　：1億5,000万円
　　　　　ハ　イ＞ロ　　　　　　　　∴1億5,000万円

ニ　税額軽減額
　　2,766万円×1億5,000万円/2億264万円＝20,474,733円
3) 20,468,400円－20,474,733円＝0円
・長男　2,766万円×0.11＝3,042,600円
・長女　2,766万円×0.15＝4,149,000円

図表4-12　相続税の速算表（平成27年1月1日以後の相続又は遺贈に適用）

法定相続人の法定相続分に応じる各取得金額	税率	控除額
1,000万円以下	10%	―
1,000万円超　3,000万円以下	15%	50万円
3,000万円超　5,000万円以下	20%	200万円
5,000万円超　1億円以下	30%	700万円
1億円超　2億円以下	40%	1,700万円
2億円超　3億円以下	45%	2,700万円
3億円超　6億円以下	50%	4,200万円
6億円超	55%	7,200万円

3　農業投資価格とは

　相続税の納税猶予制度における猶予税額の計算の基礎となる「農業投資価格」とは、特例農地等について恒久的に耕作又は畜養の用に供されるべき土地として、自由に取引が行われるとした場合において通常成立する価格として各国税局長が決定した価格をいいます。つまり、将来の潜在的な宅地期待益ともいうべき部分を除いた純粋な農地としての取引価格ともいえ、次の表のように、通常の取引時価と比べて極端に低くなっており、また、全国的な地域差がほとんどないのが特徴といえるでしょう。

図表4−13　平成30年分農業投資価格

(10アール当たり)

国税局	適用地域	農業投資価格 田	農業投資価格 畑	国税局	適用地域	農業投資価格 田	農業投資価格 畑
		千円	千円			千円	千円
東　京	東　京　都	900	840	名古屋	愛　知　県	850	640
	神　奈　川　県	830	800		静　岡　県	810	610
	千　葉　県	740	730		三　重　県	720	520
	山　梨　県	700	530		岐　阜　県	720	520
関東信越	埼　玉　県	900	790	金　沢	石　川　県	570	260
	茨　城　県	705	625		福　井　県	580	260
	栃　木　県	695	575		富　山　県	580	260
	群　馬　県	790	660	広　島	広　島　県	660	360
	長　野　県	730	490		山　口　県	610	290
	新　潟　県	660	265		岡　山　県	710	400
大　阪	大　阪　府	820	570		鳥　取　県	640	370
	京　都　府	700	450		島　根　県	550	295
	兵　庫　県	770	500	高　松	香　川　県	740	360
	奈　良　県	720	460		愛　媛　県	700	340
	和　歌　山　県	680	500		徳　島　県	680	330
	滋　賀　県	730	470		高　知　県	615	287
札　幌	北海道 中央ブロック	300	128	福　岡	福　岡　県	770	440
	北海道 南ブロック	236	117		佐　賀　県	710	400
	北海道 北ブロック	169	55		長　崎　県	550	320
	北海道 東ブロック	169	73	熊　本	熊　本　県	730	420
仙　台	宮　城　県	520	270		大　分　県	530	330
	岩　手　県	420	200		鹿　児　島　県	510	400
	福　島　県	510	255		宮　崎　県	580	410
	秋　田　県	500	175	沖縄国税事務所	沖　縄　県	220	230
	青　森　県	380	180				
	山　形　県	510	220				

(注)　札幌国税局の適応地域ブロックの管轄区域は
　　　中央ブロック：下記以外の税務署
　　　南ブロック：函館、八雲、江差、室蘭、苫小牧、浦河
　　　北ブロック：名寄、紋別、稚内、留萌
　　　東ブロック：釧路、網走、北見、帯広、根室、十勝池田をいいます。

9 相続税・贈与税の納税猶予税額が免除される場合

問 農地等の相続税・贈与税の納税猶予税額が免除されるのはどのような場合でしょうか。

答

1 相続税・贈与税の納税猶予の期限確定

　　贈与税及び相続税の納税猶予制度は、農地等の受贈者や農業相続人が猶予期限まで農業経営を継続することを前提に設けられています。農業相続人などが猶予期限前に農業経営を廃止したり、特例適用農地等を譲渡や転用などしたりすると猶予期限が確定し、猶予を受けていた贈与税額や相続税額の全部又は一部とこれに対応する利子税を、確定した日の翌日から2か月以内に一括して納付しなければなりません。

2 相続税・贈与税の猶予税額の免除（租税特別措置法第70条の6第39項）

　次の納税猶予期限まで農業経営を継続すると、その猶予期限をもって納税猶予税額は免除されます。

(1) 贈与税……原則として贈与者の死亡の日又は受贈者の死亡の日（租税特別措置法第70条の5）

　贈与者が死亡すると特例適用農地等の受贈者が、その特例適用農地等をその贈与者から相続により取得したものとみなして、受贈者である農業相続人に相続税が課税されます。受贈者が先に死亡した場合には、受贈者が被相続人となりますので、その農地等が受贈者の財産としてその相続人に対して相続税が課されます。

(2) 相続税

① 都市営農農地等及び市街化区域以外の区域の農地等

　次のいずれか早い日が納税猶予期限とされます。

ア) 農業相続人の死亡の日

　農業相続人が死亡すると相続税の納税猶予税額は免除され、特例

適用農地等は死亡した農業相続人を被相続人とする相続の相続財産として、その相続人の相続税の課税対象となります。適用要件を満たせばここでも農地の相続税の納税猶予を受けることができます。

イ）農業相続人が農地等の生前一括贈与をした場合は贈与の日

　相続税の納税猶予の適用を受けている農業相続人が、次の農業後継者に特例適用農地等を一括して贈与し農業経営を譲ることもあります。その場合には、その時点で相続税の納税猶予の期限が確定し、相続税の納税猶予税額は免除されます。農地等の受贈者に対して贈与税が課税され、その贈与税について適用要件を満たせば贈与税の納税猶予が適用されることになります。

② 三大都市圏の特定市以外の市街化区域の農地等

　次のいずれか早い日が納税猶予期限とされます。

ア）農業相続人の死亡の日

　上記①ア）と同じです。

イ）相続税の申告書の提出期限の翌日から20年を経過する日

　相続税の納税猶予の適用を受けてから、その申告書の提出期限の翌日から20年を経過する日まで農業経営を継続すると、納税猶予適用期限となり、納税猶予税額が免除されます。免除された後はその農地について譲渡、贈与、転用等をしても過去に遡って猶予税額とそれに対応する利息の支払を求められることはありません。農地法上の問題は別にして、相続税の納税猶予上の制約は一切なくなります。

③ 都市営農農地等と三大都市圏の特定市以外の市街化区域の農地等がある場合（租税特別措置法第70条の6第5項）

　都市営農農地等は原則として農業相続人が死亡の日まで相続税の納税猶予税額が免除されることはありません。その意味で三大都市圏の特定市の生産緑地は終身営農だといわれるわけです。一方、全国の市街化区域で三大都市圏の特定市以外の区域については、相続税の申告書の提出期限の翌日から20年を経過する日で相続税額が

免除されます。1人の農業相続人がその両方で納税猶予の特例を受けた場合には、三大都市圏の特定市以外の市街化区域の農地等についても終身営農になりますので納税猶予の適用を受ける際には十分留意する必要があります。

④　市街化区域外の農地等と三大都市圏の特定市以外の市街化区域の農地等がある場合（租税特別措置法第70条の6第5項、同法施行令第40条の7第15項）

「市街化区域以外の農地等」は平成21年12月15日以後終身営農になりました。一方、「三大都市圏の特定市以外の市街化区域の農地等」については都市営農農地等を除いて相続税の申告期限の翌日から20年を経過する日をもって納税猶予が免除されます。納税猶予を受けた農地等にこの両方がある場合には、「市街化区域以外の農地等」、「三大都市圏の特定市以外の市街化区域の農地等」のいずれも終身営農となります。納税猶予の適用を受けた後、相続税の申告期限の翌日から20年を経過する日までに「市街化区域以外の農地等」について特定市街化区域に編入されたり、総面積の20％以内の農地等の任意譲渡や転用などを行ったりしてこれらの猶予税額に相当する相続税額とその利子税を納付してしまった場合には、結果として「三大都市圏の特定市以外の市街化区域の農地等」だけが残ります。この場合には相続税の申告期限の翌日から20年を経過する日をもって納税猶予期限が確定することになります。

10　相続税の納税猶予税額の全部を納付しなければならない場合

> **問** 農地等の相続税の納税猶予を受けていて、その全部を納付しなければならない場合について教えてください。

答

1　特例農地等の総面積の20％を超えて譲渡、贈与、転用（租税特別措置法第70条の6第1項第1号）

　相続税の納税猶予の期限が確定するまでの間に、つまり農業相続人が死亡するか相続税の申告期限の翌日から20年を経過するまでの間に、特例適用農地についてその全面積の20％を超えて任意に譲渡、贈与又は宅地転用をしたり、一定の農業経営基盤強化促進法に基づく賃貸以外の賃貸などをしたりすると、猶予相続税額の全額とそれに対応する利子税をこれらの行為があった日から2か月を経過する日までに一括して納付しなければなりません。

2　20％の面積判定に算入しなくてよい譲渡等（租税特別措置法施行令第40条の7第10項）

　次の譲渡等の場合には20％の判定から除外してよいこととされており、その譲渡等があった部分に対応する猶予税額と利子税のみでよいこととされています。

(1) 土地収用法等による収用、買取り、換地処分等があった場合
(2) 農業経営基盤強化促進法に基づく農用地区域内の次の譲渡又は貸付け
　① 農地保有合理化事業のうちの農地売買等事業のための貸付け
　② 農地利用集積円滑化事業のうち農地所有者代理事業又は農地売買等事業のための貸付け
　③ 農地利用集積計画の定めによる貸付け
(3) 生産緑地の買取り申出に伴う期限確定

3　打切り対象にならない転用（租税特別措置法施行令第40条の7第8項）

　農業相続人の耕作若しくは養畜の事業に係る事業所、作業場、倉庫その他の施設又はこれらの事業に従事する使用人の宿舎の敷地にするための転用については、納税猶予の打切り対象になりません。農地を維持するための転用として納税猶予が継続されますので留意してください。

4　特例農地等の総面積の20％を超える面積について遊休農地である旨の通知を受けた場合

　平成21年12月15日以後は、農業委員会は利用状況調査に基づく指導を行い、指導を行っても指導に従わない場合などのときは、その農地所有者に対してその農地が遊休農地であること及びその状況を通知することとなりました。この通知がありますと、相続税の納税猶予期限が確定することになり、通知を受けた特例農地等の面積が特例農地等の総面積の20％を超えると猶予相続税額の全額とそれに対応する利子税を通知があった日から2か月を経過する日までに一括して納付しなければなりません。

5　継続届出書を提出期限までに提出しなかった場合（租税特別措置法第70条の6第32項〜第35項）

　農業相続人は、納税猶予の適用を受けている相続税額の全部について引き続き納税猶予の適用を受けたい場合には、納税猶予期限まで相続税の提出期限の翌日から毎3年経過する日までに、継続届出書を所轄税務署長に提出しなければなりません。この継続届出書を提出しなかった場合には相続税の納税猶予税額の全額について期限が確定します。

6　増担保又は担保の変更命令に応じなかった場合

　税務署長は、追加担保を求めたり、担保の変更を命令したりすることができることとされていますが、これらに応じなければ納税猶予税額全額について期限が確定することになります。

図表4-14　納税猶予税額の全部を納付しなければならない場合

納税猶予期限の確定事由	納税猶予期限
(1)①特例農地等の面積の20％を超えて任意に譲渡、贈与、転用した場合	譲渡等の事由が生じた日の翌日から2か月後
②生産緑地の買取りの申出があった場合（20％基準の適用なし） ※収用等による譲渡等は20％基準にはカウントされません。	買取りの申出を行った日の翌日から2か月後
(2)農地等の面積の20％を超えて遊休農地であることの通知があった場合	通知があった日の翌日から2か月後
(3)3年ごとの継続届出書の提出を怠った場合	届出書の提出期限の日の翌日から2か月後
(4)増担保又は担保の変更命令に応じない場合	期限確定の通知書に記載した猶予期限
(5)農業経営を廃止した場合	廃止した日から2か月を経過する日

7　特定市街化区域農地等に該当することになった場合

　納税猶予の適用を受けている農地等が都市計画決定若しくは変更その他一定の事由により特定市街化区域農地等に該当することになった場合には、これらの事由が生じた日の翌日から2月を経過する日をもって納税猶予の期限が確定します。もっとも、都市計画決定によってこれらの事由が生じても、通常は同時に生産緑地の選択が可能ですから、生産緑地の指定を受けることができれば特定市街化区域農地等に該当しませんので、継続して納税猶予の適用を受けることができます。この場合もその後譲渡等をした場合には、その譲渡等をした面積が特例適用面積の20％を超えていれば納税猶予税額全額について期限が確定することになります。なお、この場合には一定の手続が必要となります。

11 利子税の割合

> 農地等の相続税の納税猶予が打ち切られた場合に支払わなければならない利子税について教えてください。

1 納税猶予の期限確定の場合の利子税

納税猶予税額が農業相続人の死亡や申告期限から20年継続して営農したことなどによって免除された場合はいいのですが、譲渡等によって猶予税額の全部又は一部について納税しなければならない場合には、猶予期限確定納税猶予税額に対応する利子税を納付しなければなりません。

2 原則6.6％の割合の利子税（租税特別措置法第70条の6第40項）

利子税の割合は平成11年12月31日までは一律6.6％の割合でした。平成12年1月1日以後の期間から変動金利制が導入されたため、前年11月30日の日本銀行が定める基準割引率に応じて次の計算式で計算した割合とされています。この算式で計算しますと、原則3.6％の割合が1.2％になります。

図表4-15 利子税の算式

$$\frac{6.6\%}{(3.6\%)} \times \frac{\text{前々年の10月から前年の9月までの短期貸出約定平均金利の合計÷12として財務大臣告示割合＋1\%}}{7.3\%} = \text{利子税の割合（※）}$$

（※）0.1％未満の端数は切り捨てます。
（※）平成11年12月31日までは、利子税の割合は原則の6.6％です。
（※）収用等により譲渡した場合は、上記の利子税の割合の2分の1に軽減されます。

3 終身営農の場合には原則3.6％に

農地法施行日の平成21年12月15日以後は、都市営農農地及び全国の市街化区域以外の区域の農地については、納税猶予期限が原則として

農業相続人が死亡した日までとなり、終身営農が必要になりました。そこで、終身営農が適用されている納税猶予について、免除までに納税猶予期限が確定した場合の利子税は、原則6.6％の割合とされていましたが原則3.6％とされました。

4　収用等による譲渡の場合は軽減（租税特別措置法第70条の8第1項）

　納税猶予を受けている農地について平成8年4月1日以後に収用等によってやむを得ず譲渡した場合に、原則通りの利子税では酷な面があります。そこで、そのような場合には利子税の割合を適用割合の2分の1に軽減することとされています。

12 相続税の納税猶予税額の一部について納付しなければならない場合

問 農地等の相続税の納税猶予税額の一部が打ち切られる場合について教えてください。

答

1 特例農地等の面積の20％以下の任意譲渡等

特例農地等の総面積の20％以下について、任意に譲渡、贈与又は転用などをした場合には、その譲渡等をした農地等に見合う納税猶予税額とこれに対応する利子税を納付しなければなりません。

2 都市営農農地等の買取り申出をした後に譲渡等した場合（租税特別措置法第70条の6第8項、同法施行令第40条の7第11項、措置法通達70の6-32）

三大都市圏の特定市の市街化区域内の生産緑地である農地や採草放牧地のことを都市営農農地等といいますが、納税猶予の適用を受けている都市営農農地等について、生産緑地法第10条の買取りの申出や第15条の買取り希望の申出を行うと、その申出等をした日の翌日から2か月を経過する日をもって、納税猶予の期限が確定します。これだけであれば申出等をした都市営農農地等に対応する納税猶予税額についてだけ期限が確定し、20％を超えるか否かの判定の対象となりません。その後譲渡等をした場合には、納税猶予の確定事由である譲渡等には含まれません。

3 特例農地等の20％以下の面積について遊休農地である旨の通知を受けた場合

農業委員会は利用状況調査に基づく指導を行い、指導を行っても指導に従わない場合などのときは、その農地所有者に対してその農地が遊休農地であること及びその状況を通知することとなりました。この通知が

ありますと、相続税の納税猶予期限が確定することになり、通知を受けた特例農地等の面積が特例農地等の総面積の20％以下の場合には納税猶予税額のうち遊休農地の通知を受けた部分に対応する猶予税額とその利子税を通知があった日から2か月を経過する日までに一括して納付しなければなりません。

4　収用等による特例農地等の譲渡

特例農地等について土地収用法等による収用、買取り、換地処分等があった場合においても、納税猶予期限確定事由に該当しますので、その収用等された特例農地等に対応する猶予税額とこれに対応する利子税を、収用等によって譲渡等した日の翌日から2月以内に納付しなければなりません。収用等によるやむを得ない譲渡等ですので、20％の判定からは除外されるとともに利子税の割合が2分の1にされています。

5　20％以下の期限確定の猶予税額の計算（租税特別措置法第70条の6第7項）

特例農地等の総面積の20％以下について任意に譲渡、贈与又は転用などをした場合の、その譲渡等をした農地等に見合う納税猶予税額の計算は、猶予税額について面積で按分計算するのではなく、その評価額によって按分計算することとされています。

図表4-16 納税猶予税額の一部を納付しなければならない場合

納税猶予期限の確定事由	納税猶予期限
(1)特例農地等の面積の20％以下を任意に譲渡、転用した場合　20％以下	譲渡等の事由が生じた日の翌日から2か月後
(2)特例農地等の面積の20％以下について遊休農地である旨の通知を受けた場合	「通知があった日」の翌日から2か月後
(3)生産緑地の「買取りの申出」や「買取り希望の申出」を行った場合 ※1年以内に譲渡見込みであり、かつ、譲渡日から1年以内に農地を取得する場合の特例があります。	「買取りの申出」等があった日の翌日から2か月後
(4)特例農地等を収用等により譲渡した場合 ※収用等による譲渡等は20％基準にはカウントされません。	同　上
(5)準農地が農地の用に供されなくなった場合	10年を経過する日の翌日から2か月後

13　都市計画区域と相続税の納税猶予期限

> **問** 農地等の相続税の納税猶予の適用関係と都市計画区域との関係を教えてください。

1　都市計画区域と農地等の相続税の納税猶予

平成30年1月1日以後の農地等の相続税の納税猶予について、納税猶予の適用の有無と納税猶予期限の関係をもう一度整理してみましょう。

####　A　市街化区域以外の区域の農地等

市街化区域以外の区域、つまり、市街化調整区域、都市計画区域ではあるが未線引きである区域、都市計画区域以外の区域の農地等については、当然納税猶予の適用を受けることができますが、平成30年1月1日以後の相続開始からは、相続税の申告期限から20年営農による免除規定の適用がなくなり、原則として農業相続人が死亡した日が納税猶予期限となりました。

####　B　市街化区域の農地等

全国の市街化区域のうち、平成3年1月1日現在の三大都市圏の特定市における市街化区域（特定市街化区域といいます）を除いた区域及び都市営農農地以外の農地等については、従来通り相続税の申告期限から20年営農をすれば免除される制度が残っています。

####　C　特定市街化区域の農地等

特定市街化区域の農地等については、生産緑地の指定を受けた農地等しか相続税の納税猶予の適用を受けることができません。

####　D　都市営農農地等

特定市街化区域では、生産緑地の指定を受けた都市営農農地等のみに相続税の納税猶予が適用されます。都市営農農地等は農業相続人が死亡した日が納税猶予期限となります。

図表4-17　都市計画区域と農地の納税猶予

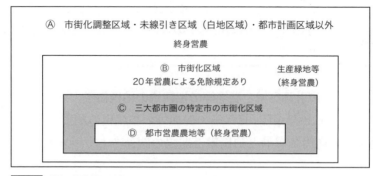

図表4-18　相続税の納税猶予期限

平成30年1月1日以後の相続開始より

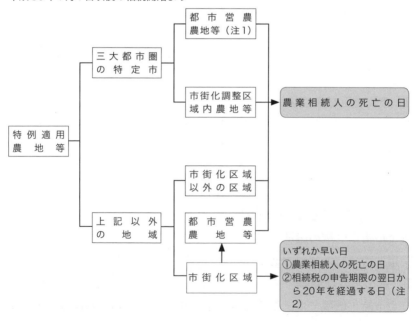

（注1）三大都市圏の特定市の市街化区域内の農地等で生産緑地地区指定を受けた農地等
（注2）特例適用農地等に都市営農農地等がある場合は、適用農地全体が20年から終身営農に代わるので特に注意が必要です。

14　相続税の納税猶予制度における継続届出書の提出義務

　農地等の相続税の納税猶予の適用を受けた後の手続きについて教えてください。

1　相続税の納税猶予適用中は3年に一度の届出は必要（租税特別措置法第70条の6第32項）

　農業相続人は、納税猶予の適用を受けている相続税額の全部について引き続き納税猶予制度の適用を受けたい場合には、その期限が確定するまでの間、相続税の申告期限の翌日から起算して3年を経過する日ごとの日までに、「相続税の納税猶予の継続届出書」を所轄税務署長に提出しなければなりません。継続届出書には、次の書類を添付する必要があります。
　①　引き続き農業経営を行っている旨の証明書（農業委員会）
　②　特例農地等に異動があった場合には「特例農地等の異動の明細書」

2　特例対象農地等に都市営農農地等を含む場合

　納税猶予を受ける特例農地等に都市営農農地等が含まれる場合も、農業相続人は3年ごとの継続届出書の提出義務がありますが、上記の証明書等に追加して毎年の農業経営の明細をまとめた「特例農地等に係る農業経営に関する明細書」の添付が必要です。

3　特例農地等に係る農業経営に関する明細書

　特例農地等に係る農業経営に関する明細書は、農業相続人自身が特例農地等において営農状況について、作付け期間や生産量及び出荷量、出荷先などの明細を記入して作成します。3年ごとといっても、日々の営農状況について継続的に記録し、これに基づいて作成しなければなりませんので、しっかりと継続的に記録を残しておく必要があります。

4 すべての納税猶予適用者に必要に

　特例農地等に都市営農農地等が含まれていない場合で、現に猶予制度の適用を受けている特例農地等の全部を担保に供した場合には、3年ごとの継続届出書の提出は不要とされていましたが、平成17年度改正で平成17年4月1日以後の相続開始分から提出が必要になりました。

5 継続届出書を提出しないと猶予打切り

　継続届出書が提出期限までに提出されなかった場合には、相続税の納税猶予期限の確定事由に該当し、その提出期限の翌日から2か月を経過する日までに猶予相続税額とこれに対応する利子税を納付しなければなりません。忘れないように十分留意したいものです。

第4章 農地等に係る納税猶予制度

図表4-19 相続税納税猶予制度の継続届出書書式

〈納税猶予の継続届出書〉

相続税の納税猶予の継続届出書

（税務署受付印）

_____税務署長

平成___年___月___日

届出者 住所 〒_____
氏名 _____ 印
（電話番号　　－　　－　　）

※欄は記入しないでください。

租税特別措置法第70条の6第1項の規定による相続税の納税の猶予を引き続き受けたいので、次に掲げる税額等について確認し、同条第32項の規定により関係書類を添付して届け出ます。

農地等の相続（遺贈）があった年月日	平成　年　月　日

被相続人	住所		氏名	（　　年　月　日生）

1　納付すべき相続税額のうち納税の猶予の適用を受けた相続税額 ・・・・・・・　_____円

2　1のうちこの届出書の提出までに特例農地等の譲渡等をしたため、既に納税の猶予が確定し納付した相続税額 ・・・・・・・　_____円

3　1のうち相続税の申告書の提出期限の翌日から20年が経過をしたため免除された相続税額 ・・・・・・・　_____円

4　1のうち届出日現在において納税の猶予を受けている相続税額（1－2－3の金額） ・・・・・・・　_____円

5　納税猶予の適用を受けた農地等については、____年__月__日に 推定相続人 他の推定相続人等 _____ に対して使用貸借による権利の設定をしたが現在もその農地等をその 推定相続人 他の推定相続人等 に引き続き使用させています。

6　この届出書の提出期限の属する年の前3年間の各年における特例農地等に係る農業経営に関する事項の概要は、「別紙1　特例農地等に係る農業経営に関する明細書」のとおりです。（特例農地等のうちに都市営農農地等がある場合、平成17年4月1日以降の相続に係る相続税の納税猶予の場合又は平成17年3月31日以前の相続に係る相続税の納税猶予で営農困難時貸付け若しくは特定貸付けを行っている場合）

7　特例農地等に係る営農困難時貸付けに関する事項は、「別紙2　特例農地等に係る営農困難時特貸付けに関する明細書」のとおりです。（営農困難時貸付けを行っている場合）

8　特例農地等に係る特定貸付けに関する事項は、「別紙3　特例農地等に係る特定貸付けに関する明細書」のとおりです。（特定貸付けを行っている場合）

※　添付書類
　○　農業経営を引き続き行っている旨の農業委員会の証明書（上記の5に該当する場合には、その推定相続人が農業経営を引き続き行っている旨及び届出者が推定相続人の営む農業に従事している旨の証明書）
　○　この届出書を提出する前3年間に特例農地等の異動があった場合には、その明細書
　○　別紙1　特例農地等に係る農業経営に関する明細書（特例農地等のうちに都市営農農地等を有する場合、平成17年4月1日以降の相続に係る相続税の納税猶予の場合又は平成17年3月31日以前の相続に係る相続税の納税猶予で営農困難時貸付け若しくは特定貸付けを行っている場合）
　○　別紙2　特例農地等に係る営農困難時貸付けに関する明細書（営農困難時貸付けを行っている場合）
　○　営農困難時貸付けを行っている特例農地等に係る貸付けを引き続き行っている旨の農業委員会の証明書（営農困難時貸付けを行っている場合）
　○　別紙3　特例農地等に係る特定貸付けに関する明細書（特定貸付けを行っている場合）
　○　特定貸付けを行っている特例農地等に係る貸付けを引き続き行っている旨の農業委員会の証明書（特定貸付けを行っている場合）

関与税理士		電話番号	

※	通信日付印の年月日	確認印	猶予整理簿	検算	整理簿番号
	年　月　日				

（資12－12－2－A4統一）　（平28.6）

15 相続税の納税猶予適用を受けるための担保提供

> **問** 農地等の相続税の納税猶予の適用を受けるには担保の提供をしなければならないのでしょうか。

1 納税猶予相続税額に相当する担保が原則（租税特別措置法第70条の6第1項、措置法通達70の6−17）

相続税の納税猶予の適用を受けるためには、納税猶予を受ける相続税額と、その本税に係る納税猶予期間中の利子税の額の合計に相当する担保を提供しなければなりません。

2 納税猶予適用農地等の全部

納税猶予の適用を受ける農地の全部を担保として提供した場合には、「納税猶予分の相続税額に相当する担保を提供したもの」とされます。もっとも、その農地について既に優先して担保権が設定されている場合は除かれます。

3 終身営農の利子税の計算

利子税の計算期間は原則として農業相続人の平均余命の期間によって計算することとされています。しかし、都市営農農地等や市街化区域以外の区域の農地等がある農業相続人は、終身営農が必要となります。その場合にはどのようにして利子税の計算期間を決めるかが問題となります。そこで、次に該当するときはその計算期間は20年を限度として計算することとされています。

(1) 当該取得をした日において特例適用農地等のすべてが都市営農農地等である農業相続人
(2) 当該取得をした日において特例適用農地等のうちに都市営農農地等以外の市街化区域内農地等及び市街化区域内農地等以外の特例農地等がある農業相続人

4 担保提供に必要な書類

担保提供に必要な書類は担保の種類に応じて次のようなものです。

図表4-20　担保提供に必要な書類

担保の種類	担保提供に必要な書類
土地	① 担保提供書 ② 土地の登記事項証明書（及び固定資産税評価証明書） ③ 抵当権設定登記承諾書 ④ 印鑑証明書
建物又は流木で保険に付したもの	① 担保提供書 ② 建物の登記事項証明書（及び固定資産税評価証明書） ③ 抵当権設定承諾書 ④ 印鑑証明書 ⑤ 建物の火災保険等の保険金請求権について税務署長を質権者とする裏書承諾等のある保険証券（又は保険契約証書）と質権設定承諾書
保証人の保証	(1)個人保証の場合 　① 担保提供書 　② 納税証明書 　③ 保証人の印鑑証明書 　④ 保証人の土地、建物の登記事項証明書又は固定資産税評価証明書 　⑤ 保証人の納税証明書又は源泉徴収票 (2)法人保証の場合 　① 担保提供書 　② 納税証明書 　③ 保証法人の印鑑証明書 　④ 保証法人の商業登記事項証明書 　⑤ 保証法人の最近における決算の貸借対照表及び損益計算書の写し

（注）上記書類のうち担保提供書、抵当権設定承諾書及び納税証明書の用紙は、税務署で用意しています。

16　納税猶予打切りに伴う必要資金の大変さ

問 農地等の相続税の納税猶予が打ち切られたときに必要となる資金について事例で示してください。

答

1　納税猶予の期限確定に伴う負担

相続税の納税猶予を受けていて、遊休農地である旨の通知を受けてしまったり、任意で譲渡せざるを得なくなったりして納税猶予が打ち切られると猶予を受けている相続税額とその相続税額を元本とする猶予期間に対応する利子税を一括して納付しなければなりません。

2　延納できない（租税特別措置法第70条の6第37項）

一括納付は困難なので何回かに分けて延納できないか、といっても、もともと猶予を受けて来た相続税額ですので、これを延納する制度は用意されていません。また、物納は申告期限までに申請しなければ認められませんので、期限確定の際は不可能です。結局一括して納付するしかないわけです。

3　利子税の割合と計算方法（租税特別措置法第93条第4項）

相続税の納税猶予打切りにおける利子税の計算は、原則として6.6％の割合で、平成12年1月1日以後は一定の計算式による変動金利であることは既にまとめたとおりです。過去の経緯も含めてまとめると次のようになります。

(1)　平成11年12月31日までの期間……6.6％
(2)　平成12年1月1日以後の期間……
　　6.6％×（前々年の10月から前年の9月までの短期貸出約定平均金利の合計÷12として財務大臣告示割合＋1％）÷7.3％＝利子税の割合
(3)　平成21年12月15日以後の相続開始で終身営農を含む農業相続

人……

3.6％×（前々年の10月から前年の9月までの短期貸出約定平均金利の合計÷12として財務大臣告示割合＋1％）÷7.3％＝利子税の割合

4　本税＋利子税＋譲渡所得税

　次の図表4-21は、3億円の納税猶予を受けていた相続税について、ちょうど15年経過した時点で期限確定事由が生じたものとして、概算計算したものです。利子税の計算は経過した各年ごとにその年の利率を計算してその合計をするのですが、ここでは変動利率適用期間については2.2％として計算しました。実際にはもっと高い期間がありましたのでもっと高額になりますが、概算計算ということでお許しください。そうすると15年分の利息合計がなんと1億2,540万円にもなります。合計すると4億2,540万円必要になります。とても現金を用意できないので土地を譲渡したとします。そうすると譲渡所得税がかかります。土地の取得費が経費になりますし、一方で仲介手数料等もかかりますので詳細は異なりますが、概算で所得税・住民税合計税率20％を支払った残りで4億2,540万円を確保するためには約5億3,175万円の土地を譲渡しなければなりません。なんと納税猶予相続税額の1.8倍です。

図表4-21　3億円の相続税の納税猶予税額の期限確定に伴う負担の概算

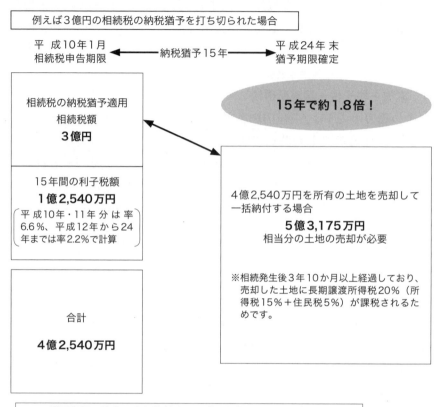

1. 納税猶予を打ち切られると、「猶予税額＋利子税＋譲渡税」で、15年間で約1.8倍になります。
2. 物納や延納による納税はできません。
3. 相続税の申告期限から3年以上経過すると、土地に係る相続税額が譲渡所得の計算上控除できません。
4. 地価下落が続いた場合、猶予された相続税額は減らず、さらに利子税や譲渡税が加算されることになり、土地売却による納税は極めて厳しい状況になることが予想されます。

（注）実際には、毎年変動する利子税の税率に応じて計算し、その累計が利子税の総額となります。ここでは、変動がないものとして計算してありますが、ご了承ください。

出典：今仲清・下地盛栄共著『図解 都市農地の新制度活用と相続対策（改正農地法等対応版）』（清文社）91頁（一部修正）

17 納税猶予適用農地等が区画整理事業施行地に該当した場合

問 農地等の相続税の納税猶予を受けていて、その農地等が区画整理の施行地域になったときはどうなるのでしょうか。

答 **1 納税猶予適用中の農地等が区画整理事業で耕作できない**

納税猶予適用中の農地等が区画整理事業の施行地に入り、施行開始とともに農地等として耕作できなくなった場合には、納税猶予が打ち切られるのでしょうか。次のような土地は、それぞれ次に掲げる事由の生ずる直前において、農地等でその者が農業の用に供していた場合に限り、その農業の用に供している農地等として取り扱うこととされています（措置法通達70の4-12、70の6-13）。

(1) 災害、疾病等のためやむを得ず一時的に農業の用に供していない土地

(2) 土地改良法による土地改良事業若しくは土地区画整理法による土地区画整理事業等により農業の用に供することができない土地

(3) 国又は地方公共団体等の行う事業のため一時的に農業の用に供することができない土地で、かつ、その時期が、例えば気温、積雪その他の自然条件によりおおむね農作物の作付けができない期間、連作の害を防ぐため休耕している期間に当たる場合などのその土地の農業上の利用を害さないと認められるもの

したがって、土地区画整理法による区画整理事業の施行に伴って農地の耕作ができない場合には、納税猶予の継続適用が認められます。

2 特例適用農地等について区画整理事業で換地処分があった場合

特例適用農地等について交換又は換地処分があった場合には、所得税法第58条の交換の特例又は措置法第33条の3の換地処分の特例によって所得税の課税上譲渡がなかったものとみなされる規定があります。ところが農地の納税猶予の適用上は納税猶予の期限確定の譲渡とされ、原

則として納税猶予が打ち切られます。しかし、その交換又は換地処分があった日から1月以内に「代替農地等の取得に関する承認申請書」を提出すれば、納税猶予の継続適用が認められます。「代替農地等の取得に関する承認申請書」については後ほど詳しく触れます（措置法通達70の4-33、70の6-34、租税特別措置法第70条の4第15項、第70条の6第19項）。

3　三大都市圏の特定市の調整区域で区画整理があった場合

　三大都市圏の特定市の市街化調整区域において、まちづくり協議会などが設立され、市街化区域に編入することを前提に土地区画整理法に基づく区画整理事業が計画されることがあります。この場合には、上記1、2が適用されますので、換地処分があった日から1月以内に「代替農地等の取得に関する承認申請書」を提出すれば納税猶予は継続適用されます。その際の納税猶予の期限確定については次のようになります。

(1)　都市営農農地等を含めて納税猶予適用中の場合

　相続税の申告時点で都市営農農地等を含めて納税猶予の適用を受けている場合には、市街化調整区域農地も終身営農となっていますので、区画整理換地後に市街化区域に編入された際に生産緑地の指定を受けても受けなくても終身営農の納税猶予を継続して受けることができます。もっとも換地後の農地で長期にわたって農業を続けるなら、固定資産税のことを考えると生産緑地の指定を受けた方がいいでしょう。ただし、生産緑地指定から原則として30年経過しなければ死亡、故障を除いて生産緑地指定の解除をできないことには留意が必要です。

(2)　市街化調整区域農地のみで納税猶予適用中の場合

　平成21年12月14日以前の相続開始で市街化調整区域農地のみで納税猶予を受けている場合には、相続税の申告期限から20年経過すれば猶予税額が免除されます。換地を受けた農地で納税猶予を継続して受けることができ、例えばあと3年で猶予税額が免除されるような場合には、市街化区域に編入されて、しかも基盤整備がキチンとされた整序された

土地ですので、免除後には宅地転用して有効活用が可能になっていることも十分考えられます。そうすると、市街化区域編入時に生産緑地の指定を受けないことも検討する余地が十分あります。いったん生産緑地の指定を受けると死亡や故障がない限り30年間その解除ができないわけですから、高くなる固定資産税の負担が可能かどうかを検討した上で、解除後の有効活用で十分元が取れるなら生産緑地の指定を受けないことも選択肢でしょう。

4　三大都市圏の特定市以外の区域の区画整理

　最近は三大都市圏の特定市以外でもまちづくりのための土地区画整理事業が行われています。区画整理が行われると市街化調整区域は市街化区域に編入されますので、平成21年12月15日以後の相続開始以後は調整区域農地のままですと終身営農のままにもかかわらず、市街化区域に編入されることによって20年免除の納税猶予の適用が可能になるというメリットが生じます。もっとも、第2部「Ⅰ　生産緑地制度」で触れましたように多くの都市の市街化区域で生産緑地制度が進みつつあります。そうすると固定資産税の負担が徐々に増加する可能性が高くなりますので、生産緑地指定という問題が生ずる可能性を考えておく必要があるでしょう。

18 都市計画区域変更による特定市街化区域農地等への編入

問 納税猶予の適用を受けている農地等が都市計画区域変更になった場合はどうなりますか。

答

1 特定市街化区域農地等

平成3年1月1日現在三大都市圏の特定市である区域の市街化区域を特定市街化区域といい、平成3年1月1日現在その区域にある農地のうち生産緑地である農地及び採草放牧地を都市営農農地等といいます。そして、平成3年1月1日現在特定市街化区域内にある農地から都市営農農地等を除いたものを特定市街化区域農地等といい、相続税、贈与税の納税猶予の適用を受けることができないこととされています。

2 都市計画の決定、変更等で特定市街化区域農地等に該当する場合

次のような場合には、都市計画法の規定に基づいて都市計画の決定、変更又は失効があったことによって、特例適用農地等が特定市街化区域農地等に該当することになります。

(1) 三大都市圏の特定市の市街化調整区域内に所在する特例適用農地等が都市計画の決定又は変更により市街化区域に線引きされ、かつ、その特例適用農地等が都市営農農地等に該当しない場合

(2) 都市営農農地等が都市計画の決定又は変更により生産緑地区域内にある農地等に該当しなくなった場合

(3) 生産緑地法の一部を改正する法律附則第4条第1項の規定により生産緑地地区とみなされた旧第2種生産緑地地区について、同条第2項の規定により旧第2種生産緑地地区に関する都市計画が失効した場合（第2部「Ⅰ 生産緑地制度」参照）

3 特例適用農地等が特定市街化区域農地等に該当すると原則期限確定

上記2(1)から(3)までに該当すると、その特定市街化区域農地等に該当

することとなった特例適用農地等に対応する納税猶予税額はその期限が確定することになります。したがって、都市計画の決定、変更又は失効があった日の翌日から2か月を経過する日が納税猶予期限となり、その納税猶予期限の翌日から2か月を経過する日までに確定した納税猶予税額と利子税を納付しなければなりません。しかし、次の手続をすることによって納税猶予を継続することが可能です（租税特別措置法第70条の4第5項、第70条の6第8項）。

4　生産緑地地区の指定を受ける（租税特別措置法第70条の4第16項、第70条の6第20項、同法施行令第40条の6第30項、第40条の7第32項）

　実際に一番多い例は上記2(1)の市街化調整区域内に所在する特例適用農地等が市街化区域に線引きされることでしょう。この場合には、都市計画の決定、変更又は失効があった日から1年以内に、その都市計画の決定、変更又は失効に係る農地等が都市営農農地等に該当することとなる見込みであることにつき税務署長の承認を受けた場合には、その決定、変更又は失効はなかったものとみなされます。もちろん、実際には1年以内に都市営農農地に該当しなかった場合には、その都市計画の決定、変更又は失効があった日から1年を経過する日において納税猶予の期限が確定することになります。

図表4–22　代替農地等の取得又は都市営農農地等該当に関する承認申請書

代替農地等の取得又は都市営農農地等該当に関する承認申請書
（納税猶予事案用）

整理簿番号 _____

税務署受付印

＿＿＿＿＿税務署長殿

〒
住　所＿＿＿＿＿＿＿＿＿＿＿＿＿＿＿＿＿
申請者
氏　名＿＿＿＿＿＿＿＿＿㊞　電話＿＿＿＿＿＿

＿＿年＿＿月＿＿日提出

租税特別措置法施行令　第40条の6 第30項／第40条の7 第32項　の規定により　贈与税／相続税　の納税猶予の適用に係る　代替農地等の取得価額の見積額等／都市営農農地等該当見込み等　に関する承認申請をいたします。

					計
買取りの申出等に係る農地又は採草放牧地の明細	農地等の所在地				
	農地等の地目、面積	㎡	㎡	㎡	
	贈与を受けた相続（遺贈）のあった年月日	平成　年　月　日	平成　年　月　日	平成　年　月　日	
	贈与相続（遺贈）の時の価額	円	円	円	円
	農業投資価格	円	円	円	円
	農業投資価格超過額	円	円	円	円
	買取りの申出等の内容				
	買取りの申出等の年月日	平成　年　月　日	平成　年　月　日	平成　年　月　日	
譲渡等及び取得見込み地又は採草放牧地の明細	譲渡等の予定年月日	平成　年　月　日	平成　年　月　日	平成　年　月　日	
	譲渡等の対価の見積額	円	円	円	円
	取得する農地又は採草放牧地の所在地				
	農地等の地目、面積	㎡	㎡	㎡	
	取得予定年月日	平成　年　月　日	平成　年　月　日	平成　年　月　日	
	取得対価の見積額	円	円	円	円
都市営農農地等該当の農地の明細	都市営農農地等該当予定日	平成　年　月　日	平成　年　月　日	平成　年　月　日	
	都市営農農地等該当見込の農地又は採草放牧地の所在地				
	農地等の地目、面積	㎡	㎡	㎡	

（注）農地等とは、農地若しくは採草放牧地又は準農地をいいます。

関与税理士		印	電話番号	

19　平成3年1月1日現在の特定市における生産緑地と納税猶予

> **問** 平成3年1月1日現在の特定市における生産緑地と相続税の納税猶予の関係について改めて教えてください。

答

1　平成3年1月1日現在特定市にある農地に限定

　都市営農農地等はあくまで平成3年1月1日現在特定市にある農地等のうち、生産緑地の指定を受けているもの及び田園住居地域にある農地をいいます。図表4-23は特定市における今後納税猶予を受けようとする場合の取扱いをまとめたものです。特定市街化区域における農地等の納税猶予の適用は、平成3年1月1日現在農地等であった上で、相続発生時に生産緑地でなければならないわけです。

2　特定市街化区域内の農地等の納税猶予適用

　原則として平成3年中に生産緑地の指定を受けるかどうかの選択が迫られ、その時点で生産緑地となったのが「生産緑地①」です。第2部「Ⅰ　生産緑地制度」で詳しく触れた「旧生産緑地②」とあわせて、相続税の納税猶予の適用対象となります。

3　追加申請された生産緑地は注意が必要

　自治体によっては生産緑地の追加指定や再指定を行っているところもあります。その場合の相続税の納税猶予の適用はどうなるのでしょうか。相続税の納税猶予は農業経営者である農地所有者が営農している農地等を農業後継者が相続し、引き続き営農をすることによって適用されますが、特定市街化区域においては生産緑地である都市営農農地等だけ適用されます。追加指定された生産緑地であっても、相続開始時点で生産緑地であれば納税猶予を受けることができますが、あくまでも平成3年1月1日現在農地等であったものでなければなりません。つまり、相続開始時点で生産緑地であっても平成3年1月1日現在では農地等でなく、

その後に農地等として造成、耕作等されていたものは適用対象外となるわけです。もちろん、追加又は再指定された「生産緑地③」で平成3年1月1日現在農地等であったものは納税猶予が適用されます。そんなに多い例ではないでしょうが、生産緑地には適用されないものも混在する可能性があることに留意しなければなりません。

4　市街化調整区域農地等の都市計画区域変更

三大都市圏の特定市において市街化調整区域農地等が、都市計画の変更等で特定市街化区域に編入された場合の取扱いは、**18**で取り上げました。三大都市圏の特定市の市街化調整区域農地等は、納税猶予の適用を受けることができますが、平成21年12月15日以後の相続開始の適用期限は終身営農になりました。

第4章 農地等に係る納税猶予制度

図表4−23　平成3年1月1日現在特定市の相続税納税猶予制度の概要
（既に納税猶予の適用を受けている農地等の取扱いを除く）

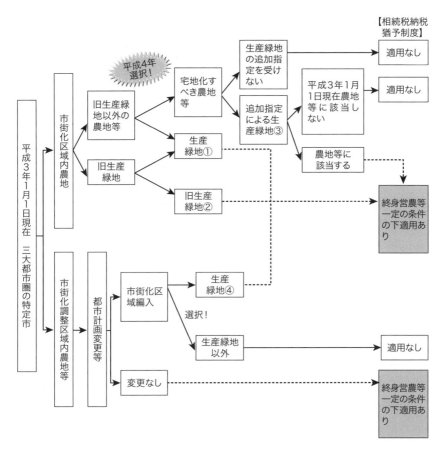

出典：今仲清・下地盛栄／共著『図解 都市農地の新制度活用と相続対策（改正農地法等対応版）』（清文社）83頁

20 平成3年1月1日現在特定市に該当しない地域における相続税の納税猶予

問 特定市以外の地域の農地等の相続税の納税猶予の取扱いはどうなっていますか。

答

1 平成3年1月2日以後特定市と合併した場合や新たに特定市になった市

平成3年1月1日現在特定市に該当しない地域の農地等は、農地等の納税猶予制度の適用を受けることができます。平成の市町村大合併で地方公共団体の数が大幅に減少しましたが、その過程で三大都市圏の特定市と合併した結果特定市になった区域も出てきましたし、新たに特定市になった市もあります。このような場合の納税猶予の取扱いはどうなるのでしょう。

2 納税猶予は従来通りの取扱い

平成3年1月2日以後に市町村が特定市と合併した例は数多くあります。また、同日以後に町から市になったために特定市になった市もあります。これらに該当する市の市街化区域農地等は、特定市に該当してから生産緑地の指定をするか否かの選択を迫られます。固定資産税は生産緑地の指定を受けると農地課税のままで、指定を受けないと宅地比準評価による農地に準じた課税となります。相続税の納税猶予は生産緑地の指定の有無にかかわらず適用を受けることができます。また、納税猶予期限は相続税の申告期限の翌日から20年となります。「平成3年1月1日現在に特定市である区域」ではないからです。図表4-24では一番下の方の旧Y町地区の市街化区域内農地等がこれに当たります。

3 市街化調整区域農地等は平成21年12月15日以後終身営農に

市街化調整区域の農地等については、特定市に該当した後も相続税の

納税猶予の適用があることは何ら変わりません。特定市に該当しない区域も同様です。相続発生時期によって納税猶予期限が異なり、原則として次のそれぞれの日となります。

(1) 平成21年12月14日以前……納税猶予期限は相続税の申告期限の翌日から20年を経過する日
(2) 平成21年12月15日以後……納税猶予期限は相続税の申告期限の翌日から農業相続人の死亡の日

4 全国の市街化区域内農地等は都市営農農地等を除き20年

図表4-24の右端の表示のように、全国の市街化区域内農地等は、都市営農農地等及び生産緑地を除いて相続開始時期にかかわらずすべてが、相続税の申告期限の翌日から20年経過する日が納税猶予期限です。特定市とは関係なく生産緑地制度が導入された市において市街化区域で生産緑地の指定を受けている場合でも、相続税の納税猶予は生産緑地の指定の有無にかかわらず適用を受けることができます。次の図のNOから市街化区域内農地等への流れがこれに当たります。

第3部 都市農地の税務編

図表4-24 平成3年1月1日における特定市以外の地域の生産緑地と相続税納税猶予制度の概要図

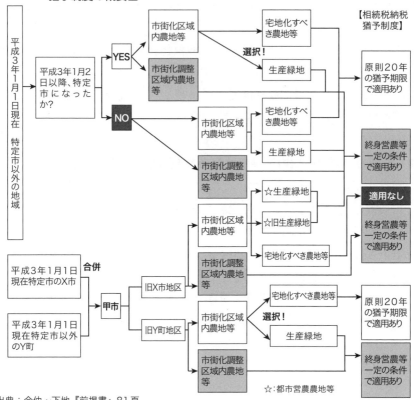

出典：今仲・下地『前掲書』81頁

図表4-25 平成30年改正後

※下線部分が見直し部分

都市計画区分	地理的区分	三大都市圏		地方圏
		特定市	特定市以外	
市街化区域	生産緑地※	営農：生涯	<u>営農：20年⇒生涯</u>	
		<u>（貸付：―　⇒認定都市農地貸付、農園用地貸付）</u>		
	（新設）<u>田園住居地域内の農地</u>	<u>営農：生涯</u> <u>（貸付：―）</u>	営農：20年 （貸付：―）	
	上記以外			
市街化区域以外 （市街化調整区域、非線引き）		営農：生涯 （貸付：特定貸付）		

※　特定生産緑地が追加され、特定生産緑地の指定・延長がされなかった生産緑地が除外されます。

21 納税猶予適用を取りやめる場合

問 農地等の納税猶予を取りやめることはできるのでしょうか。

答

1 取りやめ規定は贈与税の納税猶予制度しかない（租税特別措置法第70条の4第1項第4号）

　贈与税の納税猶予制度には、適用を受けている贈与税の納税猶予を任意に取りやめ、猶予贈与税額と利子税を一括して納付することに関する規定が設けられています。この場合「贈与税の納税猶予取りやめ届出書」を所轄税務署長に提出した日が適用期限とされていますので、提出日までに猶予贈与税額と利子税を一括して納付する必要があります。

　一方、相続税の納税猶予制度にはこのような規定はありません。しかし実務上は任意に取りやめ届出書を所轄税務署長に提出すれば受理され、提出日までに猶予相続税額と利子税を一括して納付すればよいことになります。

2 贈与税のみに取りやめ規定がある理由

　贈与税の納税猶予制度は、農地等の生前一括贈与が行われた時点の特例適用農地等の評価額に基づいて贈与税が課せられています。贈与者が死亡した場合に、贈与税額が免除され、受贈者である農業相続人が贈与者である被相続人から特例適用農地等を相続又は遺贈により取得したものとみなして、相続発生時点の評価額に基づいて相続税が課税されることになります。

　バブル期には贈与時点の農地等の評価額が相続開始時点には4倍から5倍の評価額になっていたということもありました。そうすると免除される贈与税額と利子税より新たにかかる相続税の方が高くなることも十分起こり得ます。これを避けるためには、「贈与税の納税猶予取りやめ届出書」を提出して、猶予されていた贈与税額と利子税を一括して納付

して贈与を確定し、相続税の課税対象とされないようにすればいいわけです。もっとも、最近ではこのような評価額の高騰はよほどのことがない限りほとんど考えられませんが。

3　相続税の納税猶予の任意取りやめ

相続税の納税猶予制度を任意に取りやめる例は珍しくありません。国道や県道などが整備され、納税猶予適用地の一部が収用で買い取られ、一時金が手に入った上に、非常によい賃貸条件で特例適用農地等を宅地に転用して貸してほしいという例などです。ロードサイド店舗で事業展開する飲食業や物販業などの借り手は多くあります。このような場合には、「贈与税の納税猶予取りやめ届出書」を相続税に訂正して所轄税務署長に提出し、手に入った収用代金などで相続税と利子税を支払います。

図表4-26 贈与税の納税猶予取りやめ届出書

贈与税の納税猶予取りやめ届出書

猶予整理簿	検　算
※	※

※印欄は記入しないでください。

平成＿＿年＿＿月＿＿日

＿＿＿＿＿＿税務署長 殿

〒

届出者住所＿＿＿＿＿＿＿＿＿＿＿＿＿

氏名＿＿＿＿＿＿＿＿＿＿＿＿＿㊞
（電話番号　　　－　　　）

　贈与税の納税猶予を受けている税額及びその利子税を納付し、納税猶予の適用を受けることを取りやめたいので、その旨届け出ます。

記

1　受贈年月日　　昭和
平成＿＿年＿＿月＿＿日

2　納付した猶予税額 ……………………………… ＿＿＿＿＿＿円

3　2の税額とともに納付した利子税の額 ………… ＿＿＿＿＿＿円

4　納付年月日　　平成＿＿年＿＿月＿＿日

関与税理士	㊞	電話番号	

22 配偶者がすべての財産を相続して猶予を受けると税額ゼロに

> **問** 配偶者が農業相続人となって農地の相続税の納税猶予を受けるとどうなりますか。

答

1 農業相続人である配偶者が財産のすべてを相続すると相続税額をゼロに

配偶者が法定相続分と1億6,000万円のいずれか多い方までを相続した場合には、「配偶者の相続税額の軽減」によって相続税がかかりません。配偶者が相続財産のすべてを相続し、配偶者の相続税額の軽減と農地の相続税の納税猶予の適用を受けると相続税額がゼロになることがあります。次の条件のすべてを満たすと相続税額がゼロになります。

(1) 配偶者がすべての財産を相続すること。
(2) 特例適用農地等の評価額（農業投資価格でない通常の評価額）が純資産価額の2分の1を超えること。
(3) 特例適用農地等について相続税の納税猶予制度の適用を受けること。

2 二次相続対策が可能な場合に限る

被相続人の配偶者の相続税額がゼロになるからといって一次相続で配偶者がすべての財産を相続すると、配偶者に相続が発生した二次相続の時に次の農業相続人（例えば長男）が特例適用農地等のすべてについて納税猶予を受けたとしても、二次相続では配偶者の相続税額の軽減がありませんので課税される相続税額は確実に増加します。したがって、二次相続に向けて確実に相続税対策を実行できる条件を備えている場合にしかおすすめできません。リスクを考えると可能な限り相続税を払って二次相続時の相続人である長男などに一次相続で財産を相続させる方がいいでしょう。

3　一次相続で配偶者が多くの財産を相続してよい条件

　一次相続の際に配偶者が農地の相続税の納税猶予を受け、相続税をできるだけ少なくする相続方法は、次のような点に留意した上で選択する必要があります。

(1)　配偶者の年齢が若く、健康で二次相続まで相当の時間が見込めること（それでも短期で相続が開始するリスクがありますが）。

(2)　二次相続で農業経営を続けることが確実な農業相続人がいること。

(3)　納税猶予を受ける農地以外の土地で有効活用と相続税対策が可能な土地があること。

(4)　現状の金融資産や遊休資産と有効活用実施による資金蓄積、生命保険活用等で二次相続時の納税資金確保を行うこと。

(5)　「争族」とならないよう配偶者が遺言書を作成しておくこと。

4　財産評価額10億円で相続税ゼロになる計算例

（単位：万円）

	妻（70歳）	長男（45歳）	長女（35歳）	計
農地	51,000 (4,600)	0	―	51,000 (4,600)
その他の財産	49,000	0	0	49,000
課税価格合計	100,000 (53,600)	0	0	100,000 (53,600)
按分割合	1.00 (1.00)	0	0	―

（　）は農業投資価格で計算した金額です。

① 通常評価に基づく相続税の総額の計算
　1) 課税遺産額　10億円－4,800万円＝9億5,200万円
　　（注）基礎控除額：3,000万円＋600万円×3人＝4,800万円
　2) 法定相続人の法定相続分に応ずる各人の取得金額
　　・妻　　　　　9億5,200万円×1/2＝4億7,600万円
　　・長男、長女　9億5,200万円×1/2×1/2＝2億3,800万円
　3) 各人の相続税額（相続税の速算表により計算します）
　　・妻　　　　　4億7,600万円×0.5－4,200万円＝1億9,600万円
　　・長男、長女　2億3,800万円×0.45－2,700万円＝8,010万円

4）相続税の総額　1億9,600万円＋8,010万円×2＝3億5,620万円
② 農業投資価格に基づく相続税の総額の計算
　1）課税遺産額　5億3,600万円－4,800万円＝4億8,800万円
　2）法定相続人の法定相続分に応ずる各人の取得金額
　　・妻　　　　　4億8,800万円×1/2＝2億4,400万円
　　・長男、長女　4億8,800万円×1/2×1/2＝1億2,200万円
　3）各人の相続税額
　　・妻　　　　　2億4,400万円×0.45－2,700万円＝8,280万円
　　・長男、長女　1億2,200万円×0.4－1,700万円＝3,180万円
　4）相続税の総額　8,280万円＋3,180万円×2＝1億4,640万円
③ 納税猶予額の計算（通常評価に基づく相続税の総額－農業投資価格に基づく相続税の総額）
　・3億5,620万円－1億4,640万円＝2億980万円→猶予される金額
④ 各人の納付額の計算
　・妻　① 算出税額
　　　　　1）3億5,620万円×1.00＝3億5,620万円
　　　　　2）配偶者の税額軽減額の計算
　　　　　　イ　課税価格の合計額×1/2：10億円×1/2＝5億円
　　　　　　　　　　　　　　　　　　　　　　　5億円＞1億6,000万円
　　　　　　　　　　　　　　　　　　　　　　　∴5億円
　　　　　　ロ　配偶者の課税価格　　　：10億円
　　　　　　ハ　イ＜ロ　　　　　　　　∴5億円
　　　　　　ニ　税額軽減額　　3億5,620万円×5億円/10億円＝1億7,810万円
　　　　　3）3億5,620円－1億7,810万円＝1億7,810万円
　　　　② 納税猶予額
　　　　　1億7,810万円＜2億980万円　∴1億7,810万円
　　　　③ 納付税額
　　　　　①－②＝0円
　・長男　　　　0円
　・長女　　　　0円

23　生産緑地で納税猶予を受けない場合の対応…売却か物納か

問 生産緑地を所有していた父が亡くなりました。相続税の納税猶予を受けないとどうなりますか。

答
1　生産緑地指定解除まで３か月程度かかる
　相続が開始して生産緑地について納税猶予の適用を受けないときに、主たる従事者の死亡を原因とする生産緑地の買取り申出をした場合には、申出から３か月経過すると行為制限が解除になりますが、主たる従事者の死亡証明書の発行を受けるには、通常月に１度しか行われない農業委員会の開催までの期間も必要ですし、都市計画決定の手続も必要です。最低でも４か月程度の時間が必要です。相続税の納税資金に充てるために生産緑地を売却した資金を充てようとする場合には、それから農地転用の届出と売買契約を行うことになります。早めに売却先を見つけておくにしても、それなりの時間がかかります。

2　相続税の申告及び納税手続は時間との戦い
　相続税の申告納税の期限は、相続開始の日の翌日から10か月後です。四十九日の法要が済んですぐに税理士に依頼したとしても、次のように時間との戦いになります。
(1)　現地調査を含む相続財産の調査及びその評価に１月以上かかります。
(2)　遺言書があればいいのですが、ない場合には遺産分割協議をしなければなりません。そのためには(1)のすべての財産の調査確認とその評価が済んで初めて協議のための財産内容が確定します。
(3)　生産緑地の買取り請求をするためには、生産緑地を誰が相続するかが決まっていなければその手続をすることができません。もちろん、共同相続人全員の共有でもいいのですが、その割合を決めるには全体の遺産分割協議が整わなければならないのが原則です。実務

的には全体の遺産分割協議に時間がかかる場合には、売却予定の生産緑地についてだけの一部遺産分割協議書を作成して手続に入ることも行います。

(4) これらと並行して売却先を探し、売却価格の交渉、様々な条件の打合せなどをした上でようやく売却となります。

(5) 相続開始の日の翌日から10か月後には納税しなければなりません。もちろん延納することは可能ですが、決められた利息を払わなければなりませんので、可能な限り申告期限には納税をすませたいものです。

3 生産緑地の物納はできない（相続税法第41条第2項、同法施行令第18条、同法施行規則第21条）

生産緑地は「管理処分不適格財産」として物納ができないこととされています。もちろん、被相続人が所有していた生産緑地である農地等を相続した相続人が、主たる従事者の死亡を原因とする買取り請求の申出をし、相続税の申告期限までに生産緑地の指定解除がなされている場合には、他の要件を満たしていれば物納財産としての条件を満たすことになります。要は短期間に上記の要件をクリアする必要があるわけです。

4 物納と売却の有利不利（租税特別措置法第39条）

土地を売却すると譲渡所得税がかかりますが、相続税の申告期限の翌日から3年以内の譲渡には、相続税額のうち一定の金額が譲渡所得計算上の取得費として控除されます。譲渡所得税がかかる場合には譲渡して得られた金額から仲介手数料などの費用と譲渡所得税などを差し引いた手取金額を計算する必要があります。物納の収納価額は相続税の課税計算の基礎となった相続財産の価額です。物納の場合には譲渡所得税は課税されませんので、譲渡した場合の手取金額と相続財産の価額の有利な方を選択することになります。

5　物納から売却への切換え

　相続税の申告期限までに土地の売却ができない場合には、とりあえず物納申請しておき、売却予定金額がほぼ確定した時点で上記の比較検討をし、売却の方が有利であれば、物納を取り下げれば売却代金で納税することができます。しかしその場合、相続税の申告期限から納付した日までの期間に対応する、年7.3％という非常に高い利子税の負担がありますので、これも考慮する必要があります。

6　自由に物納を選択できるのではない

　相続税の納税は原則として金銭で納付しなければなりません。不要な土地があるので金銭は置いておいて、その土地で物納したいということは認められません。この金銭は相続財産だけではなく相続人が元々もっている金銭も含みます。次に長期にわたって安定収入が見込まれる場合には、課税相続財産に占める不動産等の割合に応じて5年から20年の期間の延納の手続ということになります。それでも納付が困難な場合に限って物納となり、その物納も「管理処分不適格財産」に該当すると認められませんので、結果的によい不動産が物納されてしまうこともあります。

24 相続税の納税猶予を受ける際の留意点

問 農地等の相続税の納税猶予を受けるかどうかについて考え方を示してください。

答 **1 収用等予定農地等の納税猶予適用の有利不利**

　相続財産に納税猶予適用可能な農地等があり、その農地等が都市計画道路予定地でそう遠くない将来に収用等される予定である場合には、納税猶予の適用を受けた方がよいのでしょうか、受けない方がよいのでしょうか。都市計画道路予定地といっても、都市計画図では都市計画道路として記入されているけれども、もう10年以上何の手続もされずに放置され、地方公共団体の予算状況からも当分計画実施は考えられない場合もありますので、ここではこれは除外して考えます。

　問題は都市計画道路の事業認可があり、毎年の予算措置で徐々に収用が進んできていて工事も着実に進んできており、あと数年で今回相続する農地等の収用が確実な場合です。納税猶予の適用を受けた特例適用農地が収用等によって買収された場合には、相続税の納税猶予期限確定事由に該当することは既に述べたとおりです。結局猶予を受けていた相続税額は納付しなければならなくなります。そうすると考えるべきは次の点でしょう。

(1) 高齢の配偶者がいる場合に、配偶者が農業相続人として農地の納税猶予を受け、特例適用農地等が収用等になった場合には、結果として相続税の支払を収用時まで延ばし、その間の利息を通常の納税猶予の利子税の割合の半分ですませることになります。いくら低金利の時代とはいえ、通常の金利では考えられません。

(2) 収用等される予定の特例適用農地等のうち、収用等予定部分を分筆して、その部分について納税猶予の適用を受けないで納税してしまうのも一つの方法でしょう。当初に納税猶予を受けない分の相続税額を支払う資金が必要ですが、将来かかるとわかっている利息を

支払う必要はありません。結局当初支払う場合の資金調達のための金利負担と収用後に支払う納税猶予の利子税とどちらが有利かということになります。もっとも、資金運用が得意な納税者であれば支払うのが後になる納税猶予適用を選択する方が有利でしょう。

図表4-27　取得費に加算される相続税額の計算式

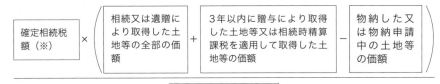

※土地等を譲渡した者ごとに計算します。

(注) 1　確定相続税額には実際に納付した相続税額だけではなく、納税猶予の適用を受けた相続税額も含みます。
　　 2　物納した又は物納申請中の土地等の価額に対応する相続税額は取得費加算の対象となりません。
　　 3　遺産分割において代償分割を行い代償金を支払った場合には、上記計算式とは異なりますのでご留意ください。

2　相続開始は土地譲渡のよいきっかけになることも

(1)　相続等により取得した土地等を上記の特例の適用を受けて譲渡すると、納付した相続税額のうち全部の財産価額に占める土地等の価額に対応する相続税額について、譲渡所得税がかからずに現金化できます。

(2)　一般的に親戚関係や世間体が気になる場合、相続発生に際して相続税を支払うためにやむを得ず譲渡するということで理由が立ちます。

(3)　同族会社への土地の移転をすると次の相続税対策として効果が大きく、そのタイミングとして相続開始の翌日から3年10か月がよ

いでしょう。

(4) 地域によっては土地のデフレが続く可能性が高く、値下がり前に売却して現金を確保します。

図表4-28 贈与税の速算表（原則として平成27年1月1日以後の贈与に適用）

基礎控除後の課税価格	一　般	20歳以上の者への直系尊属からの贈与
200万円以下	10%	10%
200万円超　　300万円以下	15%－10万円	15%－10万円
300万円超　　400万円以下	20%－25万円	
400万円超　　600万円以下	30%－65万円	20%－30万円
600万円超　　1,000万円以下	40%－125万円	30%－90万円
1,000万円超　1,500万円以下	45%－175万円	40%－190万円
1,500万円超　3,000万円以下	50%－250万円	45%－265万円
3,000万円超　4,500万円以下	55%－400万円	50%－415万円
4,500万円超		55%－640万円

第5章
特定貸付農地等、営農困難時貸付け、市民農園などの取扱い

1 特定貸付農地等の相続税の納税猶予

> **問** 市街化調整区域の農地は他人に貸していても相続税の納税猶予を受けることができるのですか。

答

1 特定貸付農地等の相続税の納税猶予（租税特別措置法第70条の6の3）

　農地法改正により平成21年12月15日から農業経営基盤強化促進法に基づく農地等の貸借について、借りる方は借りやすく、貸す方も貸しやすくなりました。そこで、農地の確保と有効利用を促進することを税制面から支援するため、被相続人から相続又は遺贈により取得した一定の貸付農地等について、相続税の納税猶予の適用を受けることができることとされました。これまでは相続開始時においては、農業を営んでいた被相続人が農業の用に供していた農地等でなければ、相続税の納税猶予を適用されませんでした。その意味で画期的といえます。

2 市街化区域外に所在する農地等に限る

　特定貸付農地等に係る相続税の納税猶予は、市街化区域以外の農地等の全部又は一部について一定の貸付けを行った場合に適用がありますので、市街化区域内農地には適用がありません。

3 特定貸付け

　特定貸付農地等の相続税の納税猶予の適用対象となる特定貸付けは、次の貸付けをいいます。

(1) 農地保有合理化事業……農業経営基盤強化促進法第4条第2項に規定する農地保有合理化事業（同項第1号に掲げる農地売買等事業に限ります）のために行われる貸付け

(2) 農地利用集積円滑化事業……農業経営基盤強化促進法第4条第3項に規定する農地利用集積円滑化事業のために行われる次の事業のための貸付け

　① 同項第1号に定める農地所有者代理事業（同号ハに掲げるものを除きます）

　② 同項第2号に定める農地所有者代理事業

(3) 農用地利用集積計画……農業経営基盤強化促進法第18条に規定する農用地利用集積計画の定めるところにより行われる貸付け

4　相続税の申告期限までに特定貸付けを行っても対象

相続又は遺贈に係る相続税の申告時点で特定貸付けの適用を受けることができる場合には、次の3つの場合があります。

(1) 特定貸付けを行っていた農業相続人の相続開始（租税特別措置法第70条の6の3第1項）

現に相続税の納税猶予の適用を受けている特定貸付けを行っていた農業相続人が死亡した場合には、その特定貸付けを行っていた農地等をその農業相続人がその死亡の日まで農業の用に供していたものとみなされます。

(2) 被相続人が納税猶予を受けていなかった場合や特定貸付けを行っていなかった場合（租税特別措置法第70条の6第2項）

被相続人が納税猶予を受けていなかった場合や特定貸付けを行っていなかった場合であっても、相続又は遺贈により取得した農地等を相続人が相続税の申告期限までに新たに特定貸付けした場合には、その貸付けをした農地等についても相続人の農業の用に供する農地等とみなされます。

(3) 贈与税の納税猶予の適用を受けている受贈者（租税特別措置法第70条の6の3第3項）

　贈与税の納税猶予の適用を受けている受贈者に係る贈与者が死亡したときは、受贈者が贈与税の納税猶予の適用を受けている農地等については、贈与者から相続により取得したものとみなされ相続税の課税対象とされます。受贈者がこの農地等について新たに特定貸付けを行った場合には、その貸付けをした農地等についても受贈者の農業の用に供する農地等とみなされます。

5　特定貸付けを行った旨の届出書の提出（租税特別措置法第70条の6の3第4項）

　上記の特定貸付けを行った旨の届出書は、特定貸付けを行った日から2月を経過する日と相続税の申告期限のいずれか遅い日までに提出すればよいこととされています。

6　市街化区域以外の農地等は特定貸付けでも納税猶予適用が可能

　以上のように市街化区域以外の農地等については、相続が起きてしまってからでも特定貸付けを行えば納税猶予の適用を受けることができる道が開けました。もちろん、農業経営基盤強化促進法に基づく貸付けでなければなりませんので、その条件に合致することが必要です。この条件に合致する貸付けをしたくとも、法律に従った貸付けをできる事業に合致しなかったり、合致する事業があっても貸付け条件に合わなかったりすれば納税猶予を受けることはできません。しかし、条件に合致する貸付けができれば、場合によっては農地等の全部について農地を貸し付けて納税猶予を受けることが可能になりました。

2 相続税の納税猶予適用中の特定貸付

問 市街化調整区域の農地で、相続税の納税猶予適用中に特定貸付けをしても猶予が継続されるのでしょうか。

答

1 相続税の納税猶予適用中の農業相続人が特定貸付けを行った場合（租税特別措置法第70条の6の2）

相続税の納税猶予適用中の農業相続人が特定貸付けを行った場合において、特定貸付けを行った日から2月以内に特定貸付けを行った旨の届出書を納税地の所轄税務署長に提出したときは、その特定貸付けを行った農地等については、その特定貸付けに係る地上権、永小作権、使用貸借による権利又は賃借権の設定はなかったものとされます。農業経営は廃止していないものとみなされ、引き続き相続税の納税猶予制度の適用を受けることができるわけです。

2 特定貸付けの期限が到来した場合の手続（租税特別措置法第70条の6の2第1項）

特定貸付農地等の貸付期限が到来した場合や貸付期限前に解約をしたことなどにより賃借権等が消滅した場合において、貸付期限の日や消滅した日から2月以内にその特定貸付農地等について、新たな特定貸付けを行うか、又は自らの農業の用に供し、その旨の届出書をこれらの日から2月以内に納税地の所轄税務署長に提出すれば、新たな貸付けを行った部分及び自ら農業の用に供した部分については引き続き相続税の納税猶予の適用を受けることができることとされます。なお、契約更改により貸付期間を延長する場合は、貸付期限の到来には該当しません。

3 承認を受けると1年間余裕が（租税特別措置法第70条の6の2第3項）

貸付期限から2月以内に新たな特定貸付けができればいいのですが、相手のあることですから特定貸付けを行うことが困難な場合もありま

す。そこで、納税猶予適用者は、その貸付期限等の翌日から1年以内に新たな特定貸付けを行う見込みであることについて、その貸付期限から2月以内に所轄税務署長に対し承認の申請を行うことができ、その承認を受けた場合には、貸付期限等の翌日から1年を経過する日まで納税猶予が継続され、その間に特定貸付農地等について新たな特定貸付けを行えばよいこととなります。

4　特定貸付期限延長承認後の手続

　上記3の承認を受けた納税猶予適用者は、その後新たな特定貸付けを行った場合には、その新たな貸付けを行った日から2月以内にその旨の届出書を所轄税務署長に届け出なければなりません。また、延長したものの特定貸付けの相手が見つからず、貸付期限の翌日から1年を経過する日までに自ら農業の用に供した場合には、農業の用に供した日から2月以内にその旨の届出書を所轄税務署長に届け出なければなりません。

図表5-1　特定貸付けに関する届出書

特定貸付けに関する届出書

整理簿番号 ※

※印は記入しないでください。

平成＿＿年＿＿月＿＿日

税務署受付印

＿＿＿＿＿＿＿＿税務署長殿

届出者　住所　〒＿＿＿＿＿＿＿＿＿＿＿＿＿＿＿＿

　　　　氏名　＿＿＿＿＿＿＿＿㊞　電話＿＿＿＿＿＿

租税特別措置法第70条の6の2第1項に規定する特定貸付けを行った下記の特例農地等については同項の規定の適用を受けたいので、同項の規定により届け出ます。

1　被相続人等に関する事項

被相続人	住所		氏名	
届出者が被相続人から農地等を相続（遺贈）により取得した年月日			昭和平成　　年　　月　　日	

2　特定貸付けに関する事項

借り受けた者	住所（居所）又は本店（主たる事務所）の所在地		氏名又は名称	
特定貸付けを行った年月日	平成　　年　　月　　日	地上権、永小作権、使用貸借による権利又は賃借権の存続期間	自：平成　　年　　月　　日 至：平成　　年　　月　　日	

　上記の者へ特定貸付けを行った特例農地等の明細は、付表1のとおりです。

　上記の特定貸付けは、次の貸付けにより行いました。（該当する番号を○で囲んでください。）

(1)　農地保有合理化事業による地上権、永小作権、使用貸借による権利又は賃借権の設定に基づく貸付け

(2)　農地利用集積円滑化事業による地上権、永小作権、使用貸借による権利又は賃借権の設定に基づく貸付け

(3)　農用地利用集積計画の定めるところによる使用貸借による権利又は賃借権の設定に基づく貸付け

3　平成21年12月14日以前の相続（遺贈）について納税猶予の適用を受けている農業相続人（相続（遺贈）により取得した日において特例農地等のうちに都市営農地等を有しない農業相続人に限ります。）が有する特例農地等に関する事項

　農業相続人が有する特例農地等の取得をした日における市街化区域内農地等の区分は、付表2の1及び同2の2のとおりです。

関与税理士		印	電話番号	

3 特定貸付農地等について納税猶予の期限が確定する場合

> **問** 特定貸付農地等で納税猶予が打ち切られることがあるのでしょうか。

答

1 特定貸付農地等につき耕作の放棄があった場合（租税特別措置法第70条の6第1項第1号、第7項）

　特定貸付けを行っている特定貸付農地等について、借り受けたものがその特定貸付農地等の耕作をしなかったことにより、新農地法第32条の規定による遊休農地である旨の通知を受けた場合には、相続税の納税猶予税額の全部又は一部について猶予期限が確定することになるのが原則です。しかし、この耕作の放棄は、納税猶予適用者が耕作をしなかったことに基因するのではなく、納税猶予適用者から特例適用農地等を借り受けた者が耕作をしなかったことに基因するものです。そこで、この耕作の放棄があった日から2月以内に特定貸付けに係る契約を解除し、新たな特定貸付けを行うか、又は納税猶予適用者自らが農業を行う場合には、その旨の届出書を耕作の放棄があった日から2月以内に納税地の所轄税務署長に提出したときに限り、耕作の放棄はなかったものとみなし、納税猶予が継続することとされています。

　この場合における耕作の放棄から2月以内に特定貸付けができないときの貸付期限の延長があった後の手続などは、前出**2**の**3**（272頁）、**4**（273頁）の手続に準ずることとされています。

2 特定貸付けを行った後に納税猶予の納期限が確定する場合（租税特別措置法第70条の6第1項、第7項、第70条の6の2第1項〜第4項、第6項、第7項）

　特定貸付けを行う農地等について、その適用要件を満たさなくなった場合には、次に掲げる場合の区分に応じてそれぞれ次に掲げる日に、特例適用農地等の任意による譲渡又は賃借権の設定等があったものとみな

して、納税猶予分の相続税額の全部又は一部の納税猶予期限が確定することとなります。

(1) 特定貸付けの要件に該当しない貸付けを行った場合（営農困難時貸付けに該当する貸付けその他の貸付けがなかったものとみなされる貸付けを除きます）……その貸付けがあった日

(2) 貸付期限から２月以内に新たな特定貸付けを行わず、かつ、自らの農業の用にも供しなかったとき……その貸付期限

(3) 貸付期限から２月以内に前出２の１（272頁）の届出書を納税地の所轄税務署長に提出しなかったとき……その貸付期限

(4) 前出２の３（272頁）の税務署長の承認を受けた場合において、貸付猶予期日までに承認を受けた特定貸付農地等の全部又は一部について新たな特定貸付けを行っていないとき又は自らの農業の用に供していないとき……その貸付猶予日

(5) 前出２の３（272頁）の税務署長の承認を受けた場合において、貸付猶予期日（その日までに新たな特定貸付けを行った場合にはその特定貸付けを行った日とし、自らの農業の用に供した場合にはその供した日となります）から２月を経過する日までに前出２の４（273頁）の届出書を提出していない場合……その貸付猶予日

図表5-2 耕作の放棄又は賃借権等の消滅があった営農困難時貸付農地等について新たに営農困難時貸付けを行った旨の届出書

耕作の放棄又は賃借権等の消滅があった営農困難時貸付農地等について新たな営農困難時貸付けを行った旨の届出書

整理簿番号 ※

※印は記入しないでください。

平成　　年　　月　　日

税務署受付印

_____ 税務署長殿

届出者　住所　〒_____
　　　　氏名_____㊞　電話_____

租税特別措置法　第70条の4 第21項
　　　　　　　　第70条の6 第27項　に規定する営農困難時貸付けを行った下記の特例農地等については、平成　　年　　月　　日に 耕作の放棄／賃借権等の消滅 があり、同条 第22項／第27項 の新たな営農困難時貸付けを行いましたので、同項の規定の適用を受けたいので、同項の規定により届け出ます。

1　贈与者又は被相続人等に関する事項

贈与者被相続人	住所		氏名	
届出者が 贈与者／被相続人 から農地等を 贈与／相続(遺贈) により取得した年月日			昭和／平成　　年　　月　　日	

2　耕作の放棄又は賃借権等の消滅があった営農困難時貸付農地等の従前の借り受けていた者等に関する事項

借り受けていた者	住所（居所）又は本店（主たる事務所）の所在地	氏名又は名称	
営農困難時貸付けを行った年月日	平成　　年　　月　　日	地上権、永小作権、使用貸借による権利又は賃借権の存続期間	自：平成　　年　　月　　日 至：平成　　年　　月　　日

存続期間の満了前に賃借権等の消滅がありました。その事情は次のとおりです。（存続期間の満了前に賃借権等の消滅があった場合に記載してください。）
（事情の詳細）_____

上記の耕作の放棄又は賃借権等の消滅があった日において、耕作の放棄又は賃借権等の消滅があった営農困難時貸付けを行っていた特例農地等の明細は、付表のとおりです。

3　新たな営農困難時貸付けに関する事項

新たに借り受けた者	住所（居所）又は本店（主たる事務所）の所在地	氏名又は名称	
新たに営農困難時貸付けを行った年月日	平成　　年　　月　　日	地上権、永小作権、使用貸借による権利又は賃借権の存続期間	自：平成　　年　　月　　日 至：平成　　年　　月　　日

耕作の放棄又は賃借権等の消滅があった営農困難時貸付けを行っていた特例農地等のうち上記の者へ新たに営農困難時貸付けを行った特例農地等の明細は、付表のとおりです。

上記の新たな営農困難時貸付けは、次の貸付けにより行いました。（該当する番号を○で囲んでください。）
(1)　農地保有合理化事業による地上権、永小作権、使用貸借による権利又は賃借権の設定に基づく貸付け
(2)　農地利用集積円滑化事業による地上権、永小作権、使用貸借による権利又は賃借権の設定に基づく貸付け
(3)　農用地利用集積計画の定めるところによる使用貸借による権利又は賃借権の設定に基づく貸付け
(4)　(1)から(3)までに掲げる貸付け以外の地上権、永小作権、使用貸借による権利又は賃借権の設定に基づく貸付け

関与税理士		印	電話番号	

4 特定貸付の旧法納税猶予適用者の取扱いと納税猶予税額の免除の適用関係

問 特定貸付けをしている場合のその後の免除の適用関係を示してください。

答

1 平成21年12月14日以前の納税猶予適用者にも特定貸付けが可能に

平成21年12月14日以前の相続開始により農地等の相続税の納税猶予の適用を受けている者については、それぞれの相続時点の規定が適用されるため、改正後の特定貸付けの特例は適用されないという考え方が大原則です。その考え方からするとこのような旧法納税猶予適用者が、改正後の規定による特定貸付けを行うと納税猶予の期限が確定することになります。しかし、特例農地等について平成21年12月15日以後の農地法の規定の適用を受ける者の税法の適用は改正前の規定のみということでは、新しい農業政策と税法が適合しないことになります。

そこで、旧法納税猶予適用者もこの特定貸付けの特例が適用できることとするとともに、耕作放棄があった場合には改正後の規定に基づきペナルティを課することが農業政策全体の方向にも適合すると考えられることから、既に納税猶予の適用を受けている特例農地等についても、旧法納税猶予適用者の選択により特定貸付けを行うことができる仕組みが整えられました（租税特別措置法第70条の6の2）。

2 特定貸付けをした場合の納税猶予税額の免除の適用関係

図表5-3は平成21年12月15日以後の納税猶予適用区分ごとの相続税の納税猶予期限について、特定貸付けをした場合の取扱いとともに表にしたものです。相続開始の日の区分に応じて確認しましょう。

第5章 特定貸付農地等、営農困難時貸付け、市民農園などの取扱い

図表5-3　特定貸付けをした場合の猶予税額の免除の適用関係

A…都市営農農地等
B…A以外の市街化区域内農地等
C…市街化区域外の農地等【特定貸付け可能】

相続が開始した日 その者が有している特例農地等	平成3年12月31日以前 貸付け前 ⇒ 貸付け後	平成4年1月1日～ 平成21年12月14日 貸付け前 ⇒ 貸付け後	平成21年 12月15日～ (貸付け前後とも)
A	20年免除（特定貸付けできない）	死亡まで（特定貸付けできない）	死亡まで
B	20年免除（特定貸付けできない）	20年免除（特定貸付けできない）	20年免除
C	20年免除⇒死亡まで	20年免除⇒死亡まで	死亡まで
A+B	20年免除（特定貸付けできない）	死亡まで（特定貸付けできない）	死亡まで
A+C	20年免除⇒死亡まで	死亡まで⇒死亡まで	死亡まで
B+C	20年免除⇒B：20年免除(注) 　　　　　C：死亡まで	20年免除⇒B：20年免除(注) 　　　　　C：死亡まで	B：20年免除(注) C：死亡まで
A+B+C	20年免除⇒死亡まで	死亡まで⇒死亡まで	死亡まで

(注) 図表では単純にB：20年免除、C：死亡までとしていますが、原則はあくまで両者で納税猶予を受けている限りは両方とも死亡の日が納税猶予期限であることにご留意ください。

出典：『改正税法のすべて（平成21年）』（大蔵財務協会）394頁に一部加筆

(1) 平成3年12月31日以前の相続開始

平成3年12月31日以前の相続開始における相続税の納税猶予の期限確定は農業相続人の死亡の日と相続税の申告期限の翌日から20年を経過する日のいずれか早い日です。

① A＝都市営農農地及びB＝A以外の市街化区域内農地等並びにその両方で納税猶予の適用を受けている農業相続人については、特定貸付けによる納税猶予の特例は適用されませんので20年営農継続による免除規定の変更はありません。

② 農業相続人がC＝市街化区域外の農地等のみで納税猶予を受けている場合、特定貸付けをすると農業相続人の死亡の日が期限確定の日となり、20年営農継続による免除規定が適用されなくなります。あと少しで免除になりますので特定貸付けはしない方が有利でしょう。

③　「A＝都市営農農地等」＋「B＝A以外の市街化区域内農地等」＋「C＝市街化区域外の農地等」のすべての場合に、C＝市街化区域外の農地等で特定貸付けをするとすべての特例適用農地等について死亡の日が期限確定の日となり、20年営農継続による免除規定が適用されなくなります。「A＝都市営農農地等の両方の場合」＋「C＝市街化区域外の農地等の場合」も同様です。

④　「B＝A以外の市街化区域内農地等」＋「C＝市街化区域外の農地等」について納税猶予を受けている農業相続人は、C＝市街化区域外の農地等で特定貸付けをすると、B＝A以外の市街化区域内農地等は20年営農継続による免除規定が適用され、C＝市街化区域外の農地等については死亡の日が期限確定の日となり、20年営農継続による免除規定が適用されなくなります。

⑵　平成4年1月1日から平成21年12月14日までの相続開始

　この期間の相続開始における相続税の納税猶予の期限確定は、都市営農農地等で納税猶予を受けていない農業相続人の納税猶予期限は、農業相続人の死亡の日と相続税の申告期限の翌日から20年を経過する日のいずれか早い日です。一方、都市営農農地等を含めて納税猶予の適用を受けている農業相続人については死亡の日が期限確定の日となり、20年営農継続による免除規定が適用されません。

①　A＝都市営農農地及びB＝A以外の市街化区域内農地等並びにその両方で納税猶予の適用を受けている農業相続人については、特定貸付けによる納税猶予の特例は適用されませんので納税猶予期限に変更はありません。

②　農業相続人がC＝市街化区域外の農地等のみで納税猶予を受けている場合、特定貸付けをすると農業相続人の死亡の日が期限確定の日となり、20年営農継続による免除規定が適用されなくなります。

③　「A＝都市営農農地等」＋「B＝A以外の市街化区域内農地等」＋「C＝市街化区域外の農地等」のすべての場合は、もともと死亡の日が期限確定の日ですので、C＝市街化区域外の農地等で特定貸付けを

しても変更はありません。「A＝都市営農農地等」＋「C＝市街化区域外の農地等」の場合も同様です。

④ 「B＝A以外の市街化区域内農地等」＋「C＝市街化区域外の農地等」について納税猶予を受けている農業相続人は、C＝市街化区域外の農地等で特定貸付けをすると、B＝A以外の市街化区域内農地等は20年営農継続による免除規定が適用され、C＝市街化区域外の農地等については死亡の日が期限確定の日となり、20年営農継続による免除規定が適用されなくなります。

(3) 平成21年12月15日以後の相続開始

平成21年12月15日以後の相続開始からは、都市営農農地等を含めて納税猶予を受けている農業相続人及び市街化区域以外の農地等については農業相続人の死亡の日が納税猶予の期限確定の日です。都市営農農地等以外の市街化区域内農地等のみについて納税猶予を受けている場合には、農業相続人の死亡の日と相続税の申告期限の翌日から20年を経過する日のいずれか早い日です。C＝市街化区域外の農地等で特定貸付けをしても、納税猶予期限が農業相続人の死亡の日になっても、もともと納税猶予期限が農業相続人の死亡の日ですから何ら変わることがありません。

(4) 「B＝A以外の市街化区域内農地等」＋「C＝市街化区域外の農地等」の場合の注意点

納税猶予を受けた農地等が「B＝A以外の市街化区域内農地等」＋「C＝市街化区域外の農地等」である場合には、原則はいずれも終身営農となります。納税猶予の適用を受けた後、期限確定までの間にC＝市街化区域以外の農地等について特定市街化区域に編入されたり、総面積の20％以内の農地等の任意譲渡や転用などを行ったりしてこれらの猶予税額に相当する相続税額とその利子税を納付してしまってB＝A以外の市街化区域の農地等だけが残った場合には相続税の申告期限の翌日から20年を経過する日をもって納税猶予期限が確定することになります。

3 特定貸付けの留意点

特定貸付けをした農業相続人が次の表の「納税猶予の適用を受けている人の区分」に該当する場合には、それぞれ次の表に掲げる留意点があります。上記2と同じものもありますが、平成17年3月31日以前の相続開始分については「相続税の納税猶予の継続届出書」が不要であったものが、特定貸付けをした場合には、必要となりますので特に留意が必要です。

図表5-4　納税猶予適用中に特定貸付けをした場合の留意点

納税猶予の適用を受けている人の区分	留意事項
平成21年12月14日以前の相続につき相続税の納税猶予の適用を受けている人のうち、特例農地等のうちに市街化区域内にある農地等以外の農地等がある人（平成4年分以降の相続で、特例農地等を取得した日において、そのうちに都市営農農地等が含まれている人は除かれます）	特例農地等のうち市街化区域内にある農地等以外の特例農地等に対応する納税猶予税額につき納税猶予期限がその人の死亡の日までとなります。
平成17年3月31日以前の相続につき相続税の納税猶予の適用を受けている人（平成4年分以降の相続で、特例農地等を取得した日において、そのうちに都市営農農地等が含まれている人は除かれます）で、特例農地等の全部を担保として提供している人	初めての特定貸付けに係る「特定貸付けに関する届出書」を提出した日の翌日から起算して3年を経過するごとの日までに「相続税の納税猶予の継続届出書」を提出しなければなりません。

出典：国税庁ホームページ「農地等の納税猶予制度が変わりました」

5 営農困難時貸付の特例

> **問** 営農困難時貸付けについて教えてください。

答

1 営農困難時貸付制度の趣旨

　平成21年12月14日以前は、都市営農農地等を除いて農地の納税猶予期限は事実上相続税の申告期限から20年経過した日でした。しかし、平成21年12月15日以後は、都市営農農地等を除く市街化区域内農地等は20年経過日とされますが、それ以外の納税猶予適用農地等の納税猶予期限は被相続人の死亡した日となります。日本人の平均寿命が伸び高齢化が進むと納税猶予適用期間中に障害が発生するなどの理由により、特例適用農地の耕作ができない状態になることも十分考えられますし、現にそのような事例も散見されます。耕作ができなくなって耕作の放棄や営農廃止となると納税猶予の期限が確定し、納税猶予税額と利子税の納付が必要となりますが、本人の意思によらないこのような場合まで納付を求めることは酷であり、また、農地の有効利用にもつながりません。そこで、農業相続人に一定の事由が生じた場合には、次のような手続を行えば引き続き納税猶予の適用を受けることができることとされました。

2 営農困難時貸付制度の概要（租税特別措置法第70条の6第28項、第70条の4第22項）

　相続税の納税猶予制度の適用を受ける農業相続人が、障害、疾病その他の事由によりその適用を受ける特例適用農地等について、その農業相続人の農業の用に供することが困難な状態となった場合において、その特例適用農地等に賃借権の設定等の営農困難時貸付けを行ったときは、営農困難時貸付けを行った日から2月以内に、営農困難時貸付けを行っている旨の届出書を納税地の所轄税務署長に提出したときに限り、その

特例適用農地等について納税猶予の納期限の確定事由となる権利の設定はなかったものと、農業経営は廃止していないものとみなして、納税猶予が継続されます。

3 農業の用に供することが困難な一定の事由（租税特別措置法施行令第40条の7第56項、第40条の6第51項、同法施行規則第23条の8第28項、第23条の7第33項）

農業の用に供することが困難な一定の状態とは、申告期限後において農業相続人に次に掲げる事由が生じた状態をいいます。

(1) 精神障害者保健福祉手帳（障害等級が1級であるものとして記載されているものに限ります）の交付を受けていること。
(2) 身体障害者手帳（障害等級が1級又は2級であるものとして記載されているものに限ります）の交付を受けていること。
(3) 介護保険法の要介護認定（要介護状態区分が要介護5のものに限ります）を受けていること。

4 あくまでも納税猶予適用中の措置であること

この規定は相続税の納税猶予適用中に営農困難な状態になった場合に講じられている措置ですから、申告期限において既に上記(1)～(3)までの事由が生じていた農業相続人が納税猶予の適用をした場合の特例適用農地等については、その状態に変化がない場合には、営農困難時貸付けの対象となりませんのでご留意ください。

しかし、申告期限後に次のような事由が生じた場合には、その事由が生じた農業相続人については営農困難時貸付けの対象となります。

(1) 例えば上記3(1)の状態であった者が、上記3(2)又は(3)に該当することとなった場合
(2) 身体障害者手帳を受けている者が、申告期限後に障害の程度が2級から1級に変更された場合
(3) 身体障害者手帳を受けている者が、申告期限後に新たに障害の程

度が1級又は2級である異なる種類の障害が記載された場合

5　営農困難時貸付けは特定貸付けを行うことができない場合に適用できる

　相続税の納税猶予に係る営農困難時貸付けは、特定貸付けをできない場合に限って農地法第3条等の貸付けを行うことによって適用を受けることができます。特定貸付けができない場合とは、次のような場合をいいます。
(1)　その農地等が市街化区域内など農業経営基盤強化促進法による貸付けを行うことができない区域に存する場合
(2)　その貸付けの申込みを行った日後1年を経過する日までにその貸付けを行うことができなかった場合

6　改正農地法施行前の納税猶予も対象に

　平成21年12月14日以前の相続開始で納税猶予を受けている農業相続人に営農困難事由が発生した場合についても、営農困難時貸付けによる納税猶予継続が認められます。

7　納税猶予の期限確定には影響しない

　納税猶予適用中に特定貸付けをした場合には、前出「**4　特定貸付けの旧法納税猶予適用者の取扱いと納税猶予税額の免除の適用関係**」(278頁)にまとめましたように、20年の納税猶予期限が終身営農になってしまいます。しかし、営農困難時貸付けについては、相続税の申告期限の翌日から20年経過すると免除となる措置はそのまま継続することになります。このことが特定貸付けをできない場合に限って相続税の納税猶予に係る営農困難時貸付けが認められることにつながるわけです。

8　市街化区域内農地等や生産緑地でも営農困難時貸付けOK

　営農困難時貸付けはすべての農地等で適用できます。しかし、実際に

は市街化区域内では農地法第3条の農地の貸付けをしたくとも、借り手がいるのかということが大きな問題となります。しかし、企業として農業生産法人などが都市近郊で野菜などを栽培して事業化することもあり得ますので、相手さえいれば第3条許可を受けて農地の賃貸をすることも可能でしょう。これは生産緑地でも同様です。しかし、いわゆるヤミ小作のように農地法第3条の許可を得ないで行った貸付けの場合には、たとえ農業相続人に営農困難事由が生じていても営農困難時貸付けによる納税猶予の継続の適用はなく、納税猶予期限が確定しますので注意が必要です。

9　継続届出書の提出

平成17年3月31日以前の相続開始で相続税の納税猶予の適用を受けている人で、特例適用農地等の全部を担保として提供している人は、初めての「営農困難時貸付けに関する届出書」を提出した日の翌日から起算して3年を経過する日ごとの日までに「相続税の納税猶予の継続届出書」を提出しなければなりません。

図表5-5　相続税の納税猶予における営農困難時貸付けの関係

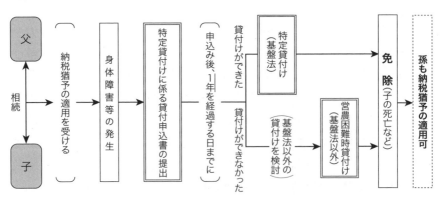

第5章 特定貸付農地等、営農困難時貸付け、市民農園などの取扱い

図表5−6 営農困難時貸付けに関する届出書

営農困難時貸付けに関する届出書

整理簿番号　※

税務署受付印

平成　　年　　月　　日

＿＿＿＿＿＿税務署長殿

届出者　住所　＿＿＿＿＿＿＿＿＿＿＿＿＿＿＿

　　　　氏名　＿＿＿＿＿＿＿＿㊞　電話＿＿＿＿＿＿

※印は記入しないでください。

租税特別措置法　第70条の4第21項　第70条の6第27項　に規定する営農困難時貸付けを行った下記の特例農地等については、同項の規定の適用を受けたいので、同項の規定により届け出ます。

1	贈与者又は被相続人等に関する事項				
贈与者 被相続人	住所			氏名	
届出者が	贈与者 被相続人 から農地等を 贈与 相続(遺贈) により取得した年月日			昭和 平成	年　月　日

2	特例農地等について自己の農業の用に供することが困難となった事由に関する事項

特例農地等について自己の農業の用に供することが困難となった年月日	平成　年　月　日

特例農地等について自己の農業の用に供することが困難となった事由は、次のとおりです。（該当する番号を○で囲んでください。）

(1) 贈与税・相続税の申告書の提出期限後に障害等級が1級である精神障害者保健福祉手帳の交付を受けました。

(2) 贈与税・相続税の申告書の提出期限後に身体上の障害の程度が1級又は2級である身体障害者手帳の交付を受けました。

(3) 贈与税・相続税の申告書の提出期限後に要介護区分五の要介護認定を受けました。

(4) 贈与税・相続税の申告書の提出期限後に身体障害者手帳に記載された身体上の障害の程度が2級から1級に変更されました。

(5) 贈与税・相続税の申告書の提出期限後に当該提出期限において身体障害者手帳に記載されていた身体上の障害の程度とは別の身体上の障害の程度が1級又は2級である障害が新たに身体障害者手帳に記載されました。（(4)に該当する場合を除きます。）

3	営農困難時貸付けに関する事項				
借り受けた者	住所(居所)又は本店(主たる事務所)の所在地		氏名又は名称		
営農困難時貸付けを行った年月日	平成　年　月　日	地上権、永小作権、使用貸借による権利又は賃借権の存続期間	自：平成　年　月　日 至：平成　年　月　日		

上記の者へ営農困難時貸付けを行った特例農地等の明細は、付表のとおりです。

上記の営農困難時貸付けは、次の貸付けにより行いました。（該当する番号を○で囲んでください。なお、相続税の納税猶予の適用を受けている人が(1)から(3)までに掲げる貸付けにより貸付けを行った場合には、その貸付けは特定貸付けとなりますので、この届出書ではなく「特定貸付けに関する届出書」により届け出を行ってください。）

(1) 農地保有合理化事業による地上権、永小作権、使用貸借による権利又は賃借権の設定に基づく貸付け

(2) 農地利用集積円滑化事業による地上権、永小作権、使用貸借による権利又は賃借権の設定に基づく貸付け

(3) 農用地利用集積計画の定めるところによる使用貸借による権利又は賃借権の設定に基づく貸付け

(4) (1)から(3)までに掲げる貸付け以外の地上権、永小作権、使用貸借による権利又は賃借権の設定に基づく貸付け

関与税理士		印	電話番号	

6 営農困難時貸付に貸付期限の到来や耕作放棄があった場合

問 営農困難時貸付の期限到来や耕作放棄の際の取扱いはどうなりますか。

答

1 耕作の放棄や賃借権等の消滅があった場合

営農困難時貸付けを行った特例適用農地等について、借り受けた者が耕作の放棄をした場合又は営農困難時貸付けに係る賃借権等の権利の消滅があった場合には、その事由が生じた日において営農困難時貸付特例農地等について権利の設定があったものとみなされ、納税猶予期限が確定し、納税猶予税額と利子税を納付しなければなりません。なお、ここでいう耕作の放棄は農業委員会から遊休農地である旨の通知を受けたことをいいます。

2 2か月以内に届出を行うと継続

上記1の場合であっても、その営農困難時貸付特例農地等について新たな営農困難時貸付けを行うか又はその農業相続人の農業の用に供した場合は、耕作の放棄をした場合又は営農困難時貸付けに係る賃借権等の権利の消滅があった日から2月以内に納税地の所轄税務署長にその旨の届出をした場合には、納税猶予が継続されます。

3 耕作の放棄をした場合又は賃借権等の権利の消滅で特定貸付けに移行

新たな営農困難時貸付けを希望する場合には、まず農業経営基盤強化促進法に基づく貸付けの申込みをします。申込み後1月を経過する日までに農業経営基盤強化促進法による貸付けができなかった場合には、これら以外による権利設定による貸付けを行うことができます。

4 農業経営基盤強化促進法による貸付けができた場合は20年免除

新たな営農困難時貸付けが農業経営基盤強化促進法に基づいて行われ

た場合には、特定貸付けではなく営農困難時貸付けとして取り扱われます。つまり、当初営農困難時貸付けによる納税猶予期限が20年で確定することとされていますので、たとえ特定貸付けになったとしても20年免除が取り消されることがないことになります。

5 特定貸付け以外の貸付けの場合

　農業経営基盤強化促進法による貸付けができず、特定貸付け以外の貸付けができた場合には、営農困難時貸付けをしたこととなります。特定貸付け以外の貸付けができなかった場合には、1年以内に営農困難時貸付けを行う見込みであることにつき、耕作の放棄又は賃借権等の消滅があった日から2月以内に税務署長に承認申請を行うことができます。その申請が承認されると耕作の放棄又は賃借権等の消滅の日があった日の翌日から1年を経過する日まで納税猶予が継続されます。

図表5-7 営農困難時貸付農地等に貸付期限の到来や耕作の放棄があった場合

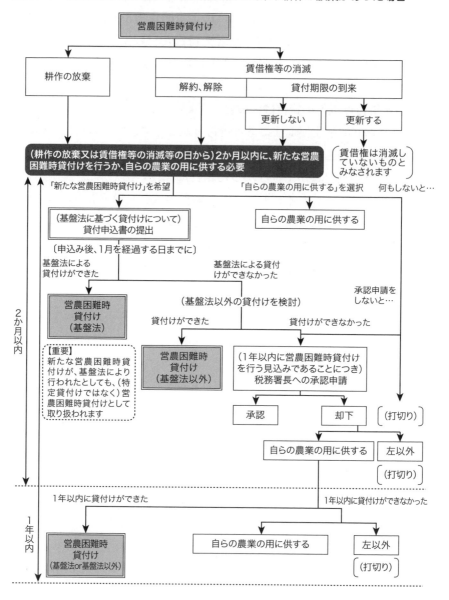

7　相続税の納税猶予の都市農地の貸付の特例の創設

問 都市農地の貸借の円滑化に関する法律の成立に伴って、その法律に基づく都市農地の貸付に相続税の納税猶予が適用されると聞きました。その内容を教えてください。

答

1　貸付都市農地等の納税猶予の特例

相続税の納税猶予の適用を受けている農業相続人が、特例適用農地について一定の貸付を行った場合でも、貸付都市農地としてその相続税の納税猶予の継続適用が可能となる特例が創設されました。

2　貸付都市農地等は生産緑地に限る

適用対象は生産緑地内の農地等に限られ、特定生産緑地の指定を行われたものを含み、買取申出されたものは除かれます。貸付を行った日から2か月以内に納税地の所轄税務署長に届出書を提出しなければなりません。

3　認められる貸付

貸付都市農地等として認められるのは次の貸付です。
(1) 賃借権又は使用貸借による権利の設定による貸し付けで、都市農地の貸借の円滑化に関する法律第7条第1項第1号に規定する認定事業計画の定めるところにより行われる認定都市農地貸付で、猶予適用者が市町村長の認定を受けた認定事業計画に基づき他の農業者に直接農地を貸し付ける場合です。
(2) 農園用地貸付として次の3つがあります。
　① 特定農地貸付法の承認を受けた地方公共団体又は農業協同組合が農業委員会の承認を受けて開設する市民農園の用に供するため、これらの開設者との間で締結する賃借権その他の使用及び収益を目的とする権利の設定に関する契約をして農地を貸し付ける

場合です。
② 特定農地貸付法の承認を受けた地方公共団体又は農業協同組合以外の者が行う特定農地貸付法に基づき、納税猶予適用者である農地所有者が農業委員会の承認を受けて市民農園を開設し、納税猶予適用者が特定農地貸付法の貸付規定者に基づき利用者に直接農地を貸し付ける場合です。
③ 特定農地貸付法の承認を受けた地方公共団体又は農業協同組合以外の者が行う、農業委員会の承認を受けて市民農園を開設する市民農園の用に供するため、納税猶予適用者である農地所有者が開設者との間で締結する賃借権その他の使用及び収益を目的とする権利の設定に関する契約をして農地を貸し付ける場合です。

4　納税猶予適用中の者が貸付けても猶予継続

すでに納税猶予の適用中の農業後継者が、適用中の生産緑地について、認定都市農地貸付又は農園用地貸付を行っても一定の手続きを行えば相続税納税猶予の適用を継続することができます。

第5章 特定貸付農地等、営農困難時貸付け、市民農園などの取扱い

図表5–8 都市農地の貸付けの特例の適用を受けた場合の猶予税額の免除の適用関係

A…都市営農農地等（生産緑地に限る）【都市農地の貸付け可能】
B…三大都市圏の特定市以外の地域の生産緑地【都市農地の貸付け可能】
C…三大都市圏の特定市以外の地域の市街化区域内農地等（生産緑地を除く）
D…市街化区域以外の農地等
（注1）下記「納税猶予の適用地域と納税猶予期限（改正前）」の表のA～Dまでと同じです。
（注2）平成30年4月1日以後は、都市営農農地等の範囲に三大都市圏の特定市の田園住居地域内の農地が追加されるが、都市農地の貸付けの特例は生産緑地のみ。

相続が開始した日／その者が有している特例農地等	旧法適用者 平成4年1月1日～平成21年12月14日	旧法適用者 平成21年12月15日～平成30年8月31日		新法適用者 平成30年9月1日～
A	死亡まで	死亡まで		死亡まで
B	20年免除	20年免除		死亡まで
C	20年免除（都市農地の貸付け不可）	20年免除（都市農地の貸付け不可）		20年免除
D	20年免除（都市農地の貸付け不可）	死亡まで（都市農地の貸付け不可）		死亡まで
A＋B	死亡まで	死亡まで		死亡まで
A＋C	死亡まで	死亡まで		死亡まで
A＋D	死亡まで	死亡まで		死亡まで
B＋C	20年免除	20年免除	旧法適用者も、都市農地の貸付けの特例の適用を受けた場合は、新法（右欄）を適用。	B：死亡まで C：20年免除
B＋D	20年免除	B：20年免除 D：死亡まで		死亡まで
C＋D	20年免除（都市農地の貸付け不可）	C：20年免除 D：死亡まで（都市農地の貸付け不可）		C：20年免除 D：死亡まで
A＋B＋C	死亡まで	死亡まで		死亡まで
A＋B＋D	死亡まで	死亡まで		死亡まで
A＋C＋D	死亡まで	死亡まで		死亡まで
B＋C＋D	20年免除	B、C：20年免除 D：死亡まで		B、D：死亡まで C：20年免除
A＋B＋C＋D	死亡まで	死亡まで		死亡まで

8 貸し付けられている農地・市民農園等の評価

問 農地等の相続税の評価の際、貸付農地や市民農園等はどうされるのでしょうか。

答

1 農業経営基盤強化促進法の農用地集積計画による貸付農地

　農業経営基盤強化促進法第18条に規定する農用地利用集積計画の定めるところにより行われる貸し付けられた農地の価額は、その農地が自用地であるとした場合の価額の95％に相当する金額によって評価することになります。この場合の賃貸借に係る賃借権である5％相当額については、農地法上の保護が適用されませんので評価の対象とされません。また、農地法第18条本文の賃貸借の解約等の制限規定の適用除外とされている10年以上の期間の定めのある賃貸借についても、この取扱いに準じて取り扱われます。納税猶予の適用を受ける場合にはこの減額評価後の評価額で計算されることになります（昭56年6月9日付直評10外1課共同）。

2 市民農園用地として貸し付けられている土地は20％評価減

　特定農地貸付けに関する農地法等の特例に関する法律に規定する特定農地貸付けの用に供するためのものであり、農地所有者と農地の借り手である地方公共団体において行われる賃貸借及びその地方公共団体と市民農園の借り手である住民との間で行われる賃貸借については、相続税の納税猶予の適用対象とはなりません。一方で、農地法第20条に定める賃貸借の解約制限の規定の適用はなく、耕作権の目的となっている農地にも該当しません。

　この場合には、賃貸借契約の制限に係る斟酌は、原則として「賃借権の評価」の定めに応じて、賃借権の存続期間に応じ、その賃借権が地上権であるとした場合に適用される法定地上権割合の2分の1に相当する割合とされます。ただし、次の要件のすべてを満たす市民農園の用に供

されている農地については、20％の評価減額をしてもよいこととされています（国税庁ホームページ：質疑応答事例／財産の評価、市民農園として貸し付けている農地の評価）。

(1) 地方自治法第244条の2の規定により条例で設置される市民農園であること。
(2) 土地の賃貸借契約に次の事項が定められ、かつ、相続税及び贈与税の課税時期後において引き続き市民農園として貸し付けられること。
    ① 貸付期間が20年以上であること
    ② 正当な理由がない限り貸付けを更新すること
    ③ 農地所有者は、貸付けの期間の中途において正当な事由がない限り土地の返還を求めることはできないこと

3 特定市民農園の用地として貸し付けられている土地

市民農園整備促進法等の規定に基づくいわゆる特定市民農園の用地として貸し付けられている土地の評価は、次のすべての要件を満たしている限り、評価額から30％の評価減額をすることができます（平成6年12月19日課評2-15：特定市民農園として貸し付けられている土地の評価について）。

(1) 次の(2)のすべての基準に該当する借地方式の市民農園で、都道府県及び政令指定都市が設置するものは農林水産大臣及び国土交通大臣から、その他の市町村が設置するものは都道府県知事からその旨の認定書の交付を受けたものをいいます。
(2) 特定市民農園の認定基準
    ① 地方公共団体が設置する市民農園整備促進法第2条第2項の市民農園であること。
    ② 地方自治法第244条の2第1項に規定する条例で設置される市民農園であること。
    ③ 当該市民農園の区域内に設けられる施設が、市民農園整備促進

法第2条第2項第2号の市民農園施設のみであること。
④ 当該市民農園の区域内に設けられる建築物の建築面積の総計が、当該市民農園の敷地面積の100分の12を超えないこと。
⑤ 当該市民農園の開設面積が500㎡以上であること。
⑥ 市民農園の開設者である地方公共団体が当該市民農園を公益上特別の必要のある場合その他正当な事由なく廃止（特定市民農園の要件に該当しなくなるような変更を含みます）しないこと。
⑦ 土地所有者と地方公共団体との土地賃貸借契約に次の事項の定めがあること。
　イ 貸付期間が20年以上であること。
　ロ 正当な事由がない限り貸付けを更新すること。
　ハ 土地所有者が、貸付けの期間の中途において正当な事由がない限り土地の返還を求めることができないこと。

なお、この取扱いの適用を受けるに当たっては、その土地が、課税時期において特定市民農園の用地として貸し付けられている土地に該当する旨の地方公共団体の長の証明書（相続税の申告期限までにその土地を取得することとなった相続人等の全員から、その土地を引き続き特定市民農園の用地として貸し付けることに同意する旨の申出書の添付があるものに限ります）を所轄税務署長に提出しなければなりません。

9 災害、疾病等のためのやむを得ない場合の取扱い

> **問** 災害や疾病等の場合の農地等の相続税の納税猶予はどのように取り扱われますか。

答

1 従来は適用時点の規定のみ（平成21年改正前措置法通達70の6-13）

相続税の納税猶予の適用は、農業を営む個人が農業の用に供している農地等で、その相続の時において現に農業の用に供していなければなりません。しかし、相続開始直前のことですから病院への入院期間を経た上で死亡することも多いのが実情です。そうすると現に農業の用に供していないともいえます。そこで、措置法通達において「災害、疾病等のためやむを得ず一時的に農業の用に供されていない土地」については、その直前において農地等で、その者が農業の用に供していた場合に限り、その農業の用に供されている農地等に該当するものとして取り扱われます。

2 納税猶予適用中の一時的に農業の用に供されない場合

納税猶予適用中に災害、疾病等のためやむを得ず一時的に農業の用に供されなくなった場合には、実務上の取扱いとして、やむを得ない事由が解消した後に遅滞なく農業の用に供されている限り、農業の用に供されている農地等に該当するものとして取り扱われてきました。しかし、何の明文規定もなかったため、平成21年の措置法通達の改正でこのことに関する規定が明文化されました。

図表5-9　特定貸付けと営農困難時貸付け

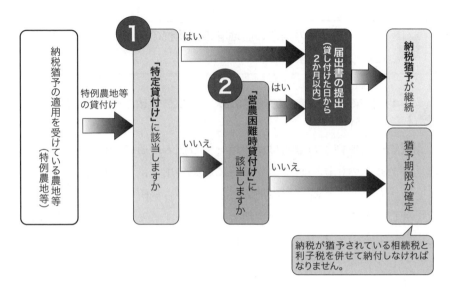

第6章

農地の買換え・交換・換地による相続税の納税猶予継続

1 特例農地等の譲渡等があった場合の代替農地等の買換特例

> **問** 農地等の相続税の納税猶予適用中の農地等を譲渡等した場合の取扱いの特例について教えてください。

答

1 特例農地等の譲渡等があった場合の代替農地等の買換特例

相続税の納税猶予の適用を受けている特例適用農地等を譲渡等した場合には、その譲渡等をした農地等の累計面積が特例適用農地等の全面積の20%以内の時は、納税猶予相続税額のうち譲渡等した面積に対応する相続税額について、20%を超えるときは納税猶予税額全額について、利子税とともに納付しなければなりません。しかし、一定の手続をした上で代替農地等を取得した場合には相続税の納税猶予が継続されることになります（租税特別措置法第70条の6第19項）。

2 譲渡等から1か月以内に承認申請書を提出し承認を受ける

代替農地等の買換特例の適用を受けるには、特例適用農地等を譲渡等があった日から1年以内に、その譲渡等の対価の額の全部又は一部をもって農地等を取得する見込みであることにつき、その譲渡等があった日から1か月以内に買換えの承認申請書を提出し、所轄税務署長の承認を受けたときは、次のように取り扱われます（租税特別措置法施行令第40条の7第30項）。

(1) その承認に係る譲渡はなかったものとみなされます。

(2) その譲渡等があった日から1年を経過する日において、その承認に係る譲渡等の対価の額の全部又は一部がその農地等の取得に充て

られていない場合には、その譲渡等に係る農地等のうちその充てられていないものに対応する納税猶予相続税額は、その1年を経過する日において譲渡をされたものとみなされます。

(3)　その譲渡等があった日から1年を経過する日までにその承認に係る譲渡等の対価の額の全部又は一部がその農地等の取得に充てられた場合には、その取得に係るその農地等は特例適用農地等とみなされます。

(4)　譲渡等をする農地等には農地及び採草放牧地のほか、純農地が含まれますが、代替農地等の中には純農地は含まれないこととされていますので注意が必要です。

3　買換承認申請書の提出と承認

　代替農地等の買換特例の適用は、その譲渡等があった日から1か月以内に買換えの承認申請書を提出し、所轄税務署長の承認を受ける必要があります。この提出期限には宥恕規定がありませんので、この承認申請書を提出しなかった場合は自動的に納税猶予は打ち切られることになります。十分に注意したいところです。また、承認申請書を提出して、1か月以内にその申請の承認又は却下の処分がなかったときは、その申請は承認されたものとみなされます。

図表6-1　代替農地等の取得に関する承認申請書（納税猶予事案）

代替農地等の取得に関する承認申請書（納税猶予事案用）

	整理簿番号

```
（税務署受付印）

                                     〒
                                 住　所_____
_____税務署長殿      申請者
____年____月____日提出    氏　名_____ ㊞ 電話_____
```

租税特別措置法施行令　第40条の6第27項／第40条の7第28項　の規定により　贈与税／相続税　の納税猶予の適用に係る代替農地等の取得価額の見積額等に関する承認申請をいたします。

					計
譲渡等をした特例農地等	農地等の所在地				
	農地等の地目等、面積	㎡	㎡		
	贈与を受けた相続（遺贈）のあった年月日	平成　年　月　日	平成　年　月　日		
	贈与相続（遺贈）の時の価額	円	円	円	
	農業投資価格	円	円	円	
	農業投資価格超過額	円	円	円	
	譲渡等の年月日、態様	平成　年　月　日	平成　年　月　日		
	譲渡等の対価の額	円	円	円	
取得見込みの農地又は採草放牧地	農地又は採草放牧地の所在地				
	農地又は採草放牧地の地目等、面積	㎡	㎡		
	取得予定の年月日	平成　年　月　日	平成　年　月　日		
	取得価額の見積額	円	円	円	

（注）農地等とは、農地若しくは採草放牧地又は準農地をいいます。

関与税理士		印	電話番号	

2 代替農地等の買換特例の譲渡等や先行取得の可否

問 代替農地等の買換特例の譲渡等の適用の可否について教えてください。

答

1 代替農地等の買換特例に先行取得はない

事業用資産の買換特例や収用の買換特例については、譲渡等する1年前から買換資産を先行して取得し、後から適用を受ける譲渡資産を譲渡しても適用される特例が設けられています。しかし、相続税の納税猶予が継続される代替農地等の買換特例では、この先行取得制度がありません。あくまでも譲渡等した後に買換資産を取得しなければなりませんので注意が必要です。

2 譲渡等があった日

とはいえ、譲渡する側とすれば譲渡したのはいいが、譲渡等した日から1年以内に買換取得できなかった場合には納税猶予税額と利子税の納付をしなければならなくなるため、取得する農地等についてもなるべく早く取得できるように、譲渡の前から取得の手配をすることはよくあります。そこで、重要になるのが「譲渡等の事実が生じた日」又は「譲渡等があった日」がいつであるかです。

3 譲渡等があった日

代替農地等の買換特例における特例適用農地等の譲渡時期は、所得税における譲渡所得の総収入金額の収入すべき時期と同じで、次に掲げるとおりです。ただし、先行取得が認められていないことを考慮して、特例農地等の譲渡に関する契約の締結日をもってその譲渡があった日とする「代替農地等の取得に関する承認申請書」が提出された場合には、次にかかわらず、その申請書に記載された契約締結日をもって、「譲渡等の事実が生じた日」又は「譲渡等があった日」として取り扱うこととさ

れています。
(1) 農地法第3条第1項本文若しくは第5条第1項本文の規定による許可又は同項第6号の規定による届出を要する農地又は採草放牧地の譲渡については、その許可又は届出の効力が生じた日とその農地等の引渡しがあった日のうち、いずれか遅い日
(2) 農業経営基盤強化促進法第20条に規定する農用地利用集積計画の定めるところによる農地又は採草放牧地の所有権の移転については、その農用地利用集積計画に定める日とその農地等の引渡しがあった日のうち、いずれか遅い日
(3) (1)又は(2)に該当しない農地等の譲渡については、これらの土地の引渡しがあった日

4　相続税の申告期限までに農地等の譲渡等をした場合

　農地等を相続等により取得した相続人が、農地等を相続税の申告期限までに譲渡等している場合で、その譲渡等に係る対価の全部又は一部をもって、農地等を相続税の申告期限までに取得しているとき又はその譲渡等があった日から1年以内に取得する見込みであるときは、相続税の申告書の提出期限までに「代替農地等の取得に関する承認申請書」を提出したときは、その農地等の譲渡について代替農地等の買換特例の適用を受けることができるとされています。

5　生産緑地の買取り申出等があった場合の代替農地等の買換特例

　納税猶予の適用を受けている農業相続人について、納税猶予適用期間中に生産緑地の買取り申出があった場合には、その申出があった日から1年以内にその買取りの申出に係る生産緑地若しくは特定市街化区域農地等に係る農地等の譲渡をし、かつ、代替農地を取得する見込みであること又は都市計画法の規定に基づく都市計画の決定若しくは変更の告示があった日から1年以内にその告示に係る特定市街化区域農地等に係る農地等が都市営農農地等に該当する見込みであることにつき、「代替農

地等の取得に関する承認申請書」を提出し、税務署長の承認を受けると納税猶予が継続します。詳述すると次のようなことになります。なお、この申請書も譲渡等の日から1か月以内に提出しなければなりません。

(1) 納税猶予の適用を受けている生産緑地の買取り申出をし、申出をした日から1か月以内に「代替農地等の取得又は都市営農農地等該当に関する承認申請書」を提出し、申出の日から1年以内に代替農地等を取得した場合には他の生産緑地でも、調整農地でも、三大都市圏の特定市以外の市街化区域農地等でもかまいません。ただし、三大都市圏の特定市以外の市街化区域農地等を取得しても納税猶予期限は終身営農となります。

(2) 納税猶予適用中の三大都市圏の特定市の調整区域内農地等について、市街化区域への編入が行われることとなったとします。そこで、都市計画区域変更の告示のあった日から1か月以内に生産緑地地区の指定を受けるための手続をするとともに、「代替農地等の取得又は都市営農農地等該当に関する承認申請書」を提出した場合には、納税猶予が継続適用されます。平成21年12月14日以前の相続開始においては調整農地の納税猶予期限は、相続税の申告期限の翌日から20年経過日ですが、都市計画区域の変更に伴う市街化区域編入で生産緑地の指定を受けた場合の納税猶予期限は20年経過日のままで変更はありません。

3 納税猶予適用農地等の交換・換地処分、1年以内の取得の判定基準

問 農地等の交換や、換地処分の際の手続きについて教えてください。

答

1 納税猶予適用農地について農地同士の交換をした場合（措置法通達70の6-34）

相続税の納税猶予の特例適用農地等について、所得税法第58条の「固定資産の交換があった場合の譲渡所得の特例」の適用を受けた場合についても、交換があった日から1か月以内に「代替農地等の取得に関する承認申請書」を納税地の所轄税務署長に提出しなければなりません。これによって承認を受けますと、譲渡等がなかったものとみなされ、納税猶予が継続適用されることになります。

2 区画整理による換地処分があった場合（措置法通達70の6-34）

土地区画整理法に基づく換地処分があった場合には、換地処分の公告があった日に換地が従前の土地とみなされることとされています。この場合所得税については、租税特別措置法第33条の3「換地処分等に伴い資産を取得した場合の課税の特例」の規定が適用され、課税されません。相続税の納税猶予の特例適用農地等について、換地処分があった場合において、換地処分の公告があった日から1か月以内に「代替農地等の取得に関する承認申請書」を納税地の所轄税務署長に提出すれば、納税猶予が継続適用されることになります。

3 1年以内に取得されていない場合（措置法通達70の6-63、70の4-68）

交換や換地処分の場合には1年以内に代替資産の取得が行われないことは通常考えにくいのですが、任意譲渡の場合や生産緑地の買換えなど

の場合には、1年以内に取得できないことも考えられます。農地の取得は農地法第3条の許可がなければ成立しません。1年以内に農地取得のための農地法の3条許可を得ることができなければ代替資産の取得ができなかったことになり、1年経過日をもって納税猶予の期限が確定し、打ち切られます。しかし、1年を経過する日までに農地等の取得について都道府県知事又は農業委員会の許可がない場合であっても、同日までに農地等の取得代金の2分の1を超える額の支払が行われているときは、同日までに代替農地の取得が行われたものとして取り扱うこととされています。

4　仲介料、登録費用などの費用の取扱い

　譲渡等の対価の全部を代替農地等の取得に充てなければ、納税猶予税額の全額について納税猶予が適用されません。譲渡対価の一部を代替農地等取得のための仲介料や登録費用などに充てた場合はどうなるのでしょう。これらは代替農地等の取得に充てられたものとすることとされ、次のように取り扱われます。

(1)　特例適用農地等の譲渡等について仲介料、登記費用等の費用に要した場合には、「譲渡等の対価の額」は、その譲渡等に係る対価の額からその譲渡等に要した費用の額を控除した金額とする。

(2)　農地等の取得について仲介料、登記費用等を要した場合には、その費用の額は、その農地又は採草放牧地の取得価額に加算する。

図表6-2 代替農地等の取得又は都市営農農地等該当に関する承認申請書

代替農地等の取得又は都市営農農地等該当に関する承認申請書
（納税猶予事案用）

整理簿番号 _____

税務署受付印

〒
_____税務署長殿　　　住　所_____
____年___月___日提出　　申請者　氏　名_____㊞　電話_____

租税特別措置法施行令 第40条の6 第30項／第40条の7 第32項 の規定により 贈与税／相続税 の納税猶予の適用に係る 代替農地等の取得価額の見積額等／都市営農農地等該当見込み等 に関する承認申請をいたします。

					計
買取りの申出等に係る農地又は採草放牧地の明細	農地等の所在地				
	農地等の地目、面積	㎡	㎡	㎡	
	贈与を受けた・相続（遺贈）のあった年月日	平成　年　月　日	平成　年　月　日	平成　年　月　日	
	贈　与・相続（遺贈）の時の価額	円	円	円	円
	農業投資価格	円	円	円	円
	農業投資価格超過額	円	円	円	円
	買取りの申出等の内容				
	買取りの申出等の年月日	平成　年　月　日	平成　年　月　日	平成　年　月　日	
譲渡等及び取得見込みの農地又は採草放牧地の明細	譲渡等の予定年月日	平成　年　月　日	平成　年　月　日	平成　年　月　日	
	譲渡等の対価の見積額	円	円	円	円
	取得する農地又は採草放牧地の所在地				
	農地等の地目、面積	㎡	㎡	㎡	
	取得予定年月日	平成　年　月　日	平成　年　月　日	平成　年　月　日	
	取得対価の見積額	円	円	円	円
都市営農農地等該当農地の明細	都市営農農地等該当予定日	平成　年　月　日	平成　年　月　日	平成　年　月　日	
	都市営農農地等該当見込の農地又は採草放牧地の所在地				
	農地等の地目、面積	㎡	㎡	㎡	

（注）農地等とは、農地若しくは採草放牧地又は準農地をいいます。

関与税理士		㊞	電話番号	

第3部 都市農地の税務編

特例農地等の譲渡等の日から1年を経過する日までに代替農地等を取得した場合には、次の明細書を提出しなければなりません。

図表6-3 買取りの申出等に伴う代替農地等の取得価額等に関する明細書

買取りの申出等に伴う代替農地等の取得価額等に関する明細書

猶予整理簿	検　印
※	※

※印欄は記入しないでください。

＿＿＿＿税務署長 殿　　　　　　　　　　　　平成＿＿年＿＿月＿＿日

〒　住所＿＿＿＿＿＿＿＿＿＿
氏名＿＿＿＿＿＿＿＿＿＿印
（電話番号　　　　　・　　　　　）

租税特別措置法施行規則 第23条の7第22項／第23条の8第17項 に規定する代替農地等の取得価額等は、次のとおりです。

譲渡等をした特例農地等の明細	農地等の所在地				
	農地等の地目				
	農地等の面積	①	㎡	㎡	㎡
	買取りの申出等の内容				
	買取りの申出等の年月日		平成　年　月　日	平成　年　月　日	平成　年　月　日
	譲渡等の年月日		平成　年　月　日	平成　年　月　日	平成　年　月　日
	譲渡等の態様				
	譲渡の対価の額	②	円	円	円
	贈与価額農業投資価格超過額	③	円	円	円
取得した農地又は採草放牧地の明細	農地等の所在地				
	地目等				
	面積	④	㎡	㎡	㎡
	農地法の規定による許可又は届出の受理年月日		平成　年　月　日 許可／届出	平成　年　月　日 許可／届出	平成　年　月　日 許可／届出
	取得の態様				
	取得年月日		平成　年　月　日	平成　年　月　日	平成　年　月　日
	取得価額	⑤	円	円	円
	買入先 住所又は所在地				
	氏名又は名称				
買取りの申出等があった部分のうち買い取られた部分の申出等	① × (②・⑤)／②	⑥	㎡	㎡	㎡
	③ × (②・⑤)／②	⑦	円	円	円
買取りの申出等があった部分のうち買い取られなかった部分の申出等	①×⑤／② （1を超えるときは1とする。）	⑧	㎡	㎡	㎡
	③×⑤／② （1を超えるときは1とする。）	⑨	円	円	円

(注) 代替農地等として取得した農地又は採草放牧地が平成3年1月1日において租税特別措置法第70条の4第2項第3号イからハまでに掲げる区域内にある場合には、その農地又は採草放牧地が同法第70条の4第1項に規定する農地又は採草放牧地に該当するものであることについての市長、区長の証明が必要となります。

関与税理士		印	電話番号	

買取りの申出等に係る都市営農農地等取得見込みの税務署長の承認を受けていた場合に、買取りの申出等の日から1年以内に都市営農農地等に該当することとなった場合には、次の明細書を提出しなければなりません。

図表6-4　都市営農農地等該当に関する明細書

都市営農農地等該当に関する明細書

＿＿＿＿税務署長　殿

平成＿＿年＿＿月＿＿日

〒
住所＿＿＿＿＿＿＿＿＿＿
氏名＿＿＿＿＿＿＿＿＿㊞
（電話番号　・　）

租税特別措置法施行規則　第23条の7第23項
　　　　　　　　　　　第23条の8第18項　　に規定する特定市街化区域農地等に係る農地又は採草放牧地の都市営農農地等該当に関する明細は、次のとおりです。

告示若しくは事由に係る農地又は採草放牧地の明細	農地等の所在地				
	農地等の地目				
	農地等の面積	①	㎡	㎡	㎡
	告示又は事由の内容				
	告示又は事由が生じた年月日		平成　年　月　日	平成　年　月　日	平成　年　月　日
	贈与価額 農業投資価格超過額	②	円	円	円
該当明細	都市営農農地等に該当した日		平成　年　月　日	平成　年　月　日	平成　年　月　日
	該当した農地等の面積	③	㎡	㎡	㎡
買取り等の申出のあった部分と取らなかった分	（①－③）の面積	④	㎡	㎡	㎡
	②×(①－③)/①	⑤	円	円	円
買取り等の申出のなかった部分と取られた分	③の面積	⑥	㎡	㎡	㎡
	②×③/①	⑦	円	円	円

（注）特定市街化区域農地等に係る農地又は採草放牧地が都市営農農地等に該当したことを証する市長、区長の証明書が必要となります。

関与税理士		㊞	電話番号	

◆参考文献

1. 高木賢／著『詳解新農地法 改正内容と運用指針』（大成出版社）
2. 今仲清・下地盛栄／共著『図解 都市農地の新制度活用と相続対策（改正農地法等対応版）』（清文社）
3. MIA協議会固定資産評価システム部会／編著『実践 固定資産税土地評価実務テキスト』（ぎょうせい）
4. 固定資産税務研究会／編『固定資産評価基準解説（土地編）』（一般財団法人地方財務協会）
5. 今仲清／著『どうなる!? どうする!? 都市農地の税金対策』（清文社）

◆ 監修・著者紹介

監修　(一財) 都市農地活用支援センター

　都市農地活用支援センターは、平成3年10月8日財団法人として設立（主務省庁：建設省・農水省・国土庁（当時））、平成25年4月1日一般財団法人に移行しました。

　当センターでは、都市農業の振興の取組と連携し、都市農地等（市街地内の農地、その周辺の農地、都市農地と一体をなす屋敷林・樹林地及びその他の農的土地利用がなされている農地以外の土地）の計画的な利用・保全による良好な居住環境を有する宅地の形成、優良な賃貸住宅建設及び都市農地等と宅地が調和したまちづくりを促進するための調査研究、事業支援、居住環境の維持改善、普及啓発等を行い、もって国民の生活の向上に寄与することを目的に事業の運営を行っています。
（基本財産16億8千万円　出捐団体：東京都、大阪府、愛知県その他の三大都市圏の府県・政令市、JAグループ、UR都市機構）

〒101-0032	東京都千代田区岩本町三丁目9番13号
	岩本町寿共同ビル4F
電話・Fax	電話 03-5823-4830　Fax03-5823-4831
ホームページ	http://www.tosinouti.or.jp/
e-mail	tosinouti@tosinouti.or.jp

著者　佐藤　啓二〔さとう・けいじ〕

　東北大学大学院修了後、旧建設省などを経て2007年より（財）都市農地活用支援センターに勤務。
　現在、(一財) 都市農地活用支援センター常務理事兼統括研究員として、都市農地保全に向けた自治体、JA等の取組みを支援すると共に農業者、都市住民が連携した「農」のある暮らしづくりを推進中。
（一財）都市農地活用支援センターアドバイザー。技術士（建設部門）。
〈著　書〉
「農を生かした都市づくり」「農を活かした町おこし・村おこし」「超高齢社会と農ある暮らし」（以上 都市農地活用支援センター）、「ケース別農地の権利移動・転用可否判断の手引」新日本法規出版）等

今仲　清〔いまなか・きよし〕税理士

　1984年、今仲清税理士事務所開業。1988年、（有）経営サポートシステムズ設立、代表取締役就任。現在は株式会社に変更。2013年、税理士法人今仲清事務所設立、代表社員に就任。
　現在、不動産有効活用・相続対策の実践活動を指揮しつつ、セミナー講師として年間100回にものぼる講演を行っている。(一財) 都市農地活用支援センターアドバイザー。（公財）区画整理促進機構派遣専門家。事業承継協議会事業承継税制検討委員会委員。
〈主　著〉
『平成30年度改正対応 特例事業承継税制徹底活用マニュアル』『書類準備・手続のフローがすぐ分かる！ 相続税の申告書作成ガイドブック』（以上、ぎょうせい）、『図解 都市農地の特例活用と相続対策』（清文社）、『病院・診療所の相続・承継をめぐる法務と税務』共著（新日本法規出版）、『相続税の申告と書面添付』共著『平成30年度 すぐわかる よくわかる 税制改正のポイント』共著『中小企業の経営承継戦略』共著（以上、TKC出版）

〈事務所〉	
税理士法人　今仲清事務所／㈱経営サポートシステムズ	
〒591-8023	大阪府堺市北区中百舌鳥町5-666
ホームページ	http://www.imanaka-kaikei.co.jp

一問一答　新しい都市農地制度と税務
――生産緑地の 2022 年問題への処方箋――

平成 30 年 11 月 15 日　第 1 刷発行

　　　監　修　一般財団法人都市農地活用支援センター

　　　著　者　佐藤　啓二／今仲　清

　　　発　行　株式会社ぎょうせい

〒136-8575　東京都江東区新木場 1-18-11
電話　編集　03-6892-6508
　　　営業　03-6892-6666
フリーコール　0120-953-431

URL：https://gyosei.jp

〈検印省略〉

印刷　ぎょうせいデジタル㈱　　　　　©2018 Printed in Japan
※乱丁・落丁本はお取り替えいたします。

ISBN978-4-324-10554-2
(5108467-00-000)
〔略号：農地税務 2022〕